生き物の死にざま

はかない命の物語

稲垣栄洋

Hidehiro
Inagaki

草思社

生き物の死にざま　はかない命の物語

目次

I……愛か、本能か　11

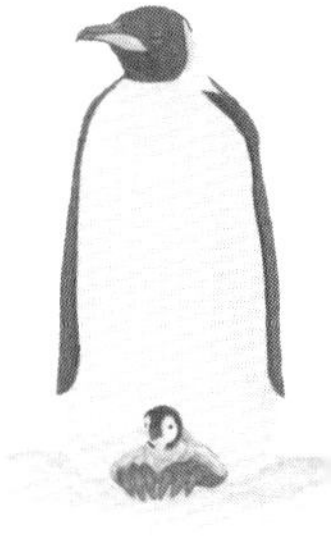

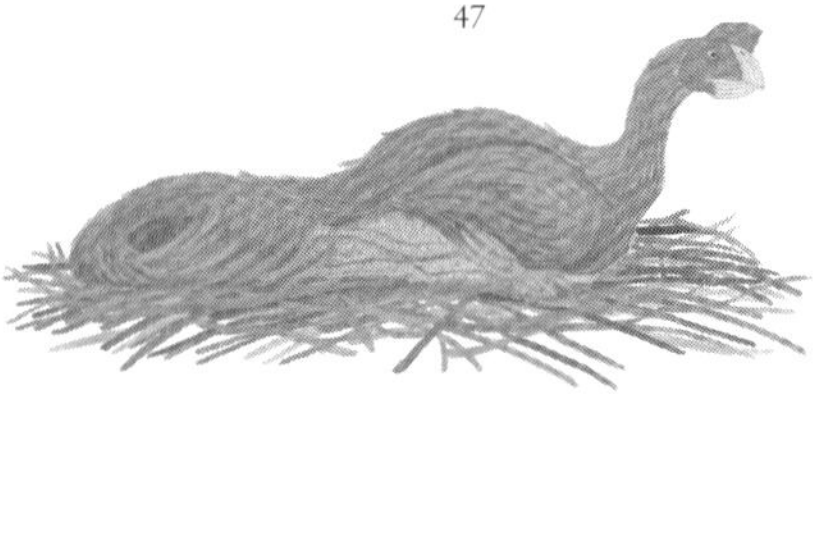

II 生き物と人　81

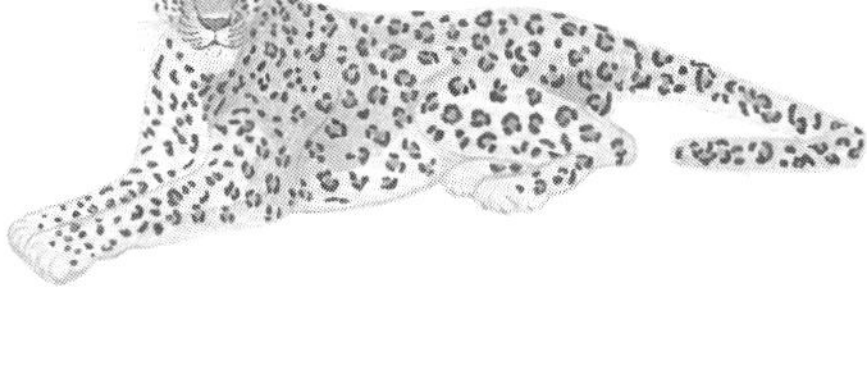

III……摂理と残酷 139

生き物の死にざま　はかない命の物語

この世が命であふれているということは、同じ数だけ死であふれている。

I……愛か、本能か

1……コウテイペンギン

氷の世界で数か月絶食して卵を守り続ける父

その大地は、常に激しいブリザードに襲われる。

雪とも氷ともわからない冷たく白い風が、激しく吹き荒れる。

もちろん、太陽など見えない真っ白な世界だ。

ホワイトアウトと呼ばれる白い闇に覆われた大地は、数メートル先の視界さえ妨げられる。方向はおろか、どこが地面でどこが空かさえわからない、白一色の世界だ。気温はマイナス六〇度、風速は秒速六〇メートルを超えることさえある。

それが南極の冬である。

しかし、こんな猛吹雪の中でも、生命は息づいている。

真っ白な世界の中で、かすかに黒いかたまりが見える。オスのコウテイペンギンたちの群れである。

コウテイペンギンの子育ては壮絶である。

南極という過酷な環境で生きることを選んだ鳥であるコウテイペンギンにとって、その子育てもまた過酷なのだ。

この環境で生き抜くための知恵が、「父親の子育て」である。コウテイペンギンは、厳しい冬の寒さの中でオスが卵を抱いてヒナを孵《かえ》すのである。

三月から四月頃になると、一万羽ものコウテイペンギンの群れが繁殖のために海から離れた場所に移動を開始する。海の近くにはシャチやヒョウアザラシなどの危険な肉食獣がいる。内陸の方が安全なのだ。

南極は南半球にあるので、三月はこれから冬に向かう季節である。

とはいえ、海から内陸までの距離は五〇～一〇〇キロメートルほどにもなる。よちよち歩きのペンギンたちにしてみれば、相当な長旅だ。

海から内陸へ移動すると、コウテイペンギンたちは求愛を行う。オスとメスはラブソングを歌うかのように鳴き合ったり、向かい合っておじぎをしたりする。こうした愛の儀式を経て、お互いに一夫一妻のパートナーを見つける。こうしてペンギンの夫婦は五月から六月頃に、愛の結晶として大きな卵を一つだけ授かるのである。

オスはその卵をメスから受け取って自分の足の上に移動させる。

凍《い》てつく地面の上に少しでも卵が触れれば、瞬《またた》く間に凍《こお》りついてしまう。そのため、地面に落とすことのないように足の上で抱きかかえると、オスだけにある抱卵嚢《ほうらんのう》というだぶついた腹の皮をかぶせて抱卵する。ただ実際には、卵をメスからオスへと渡すときに、わずかなミスで卵が死んでしまうこともあるというから、切ない。

これから、長い長い子育てが行われる。

ペンギンのエサは海の中の魚である。海を離れた内陸にペンギンたちの食べるもの

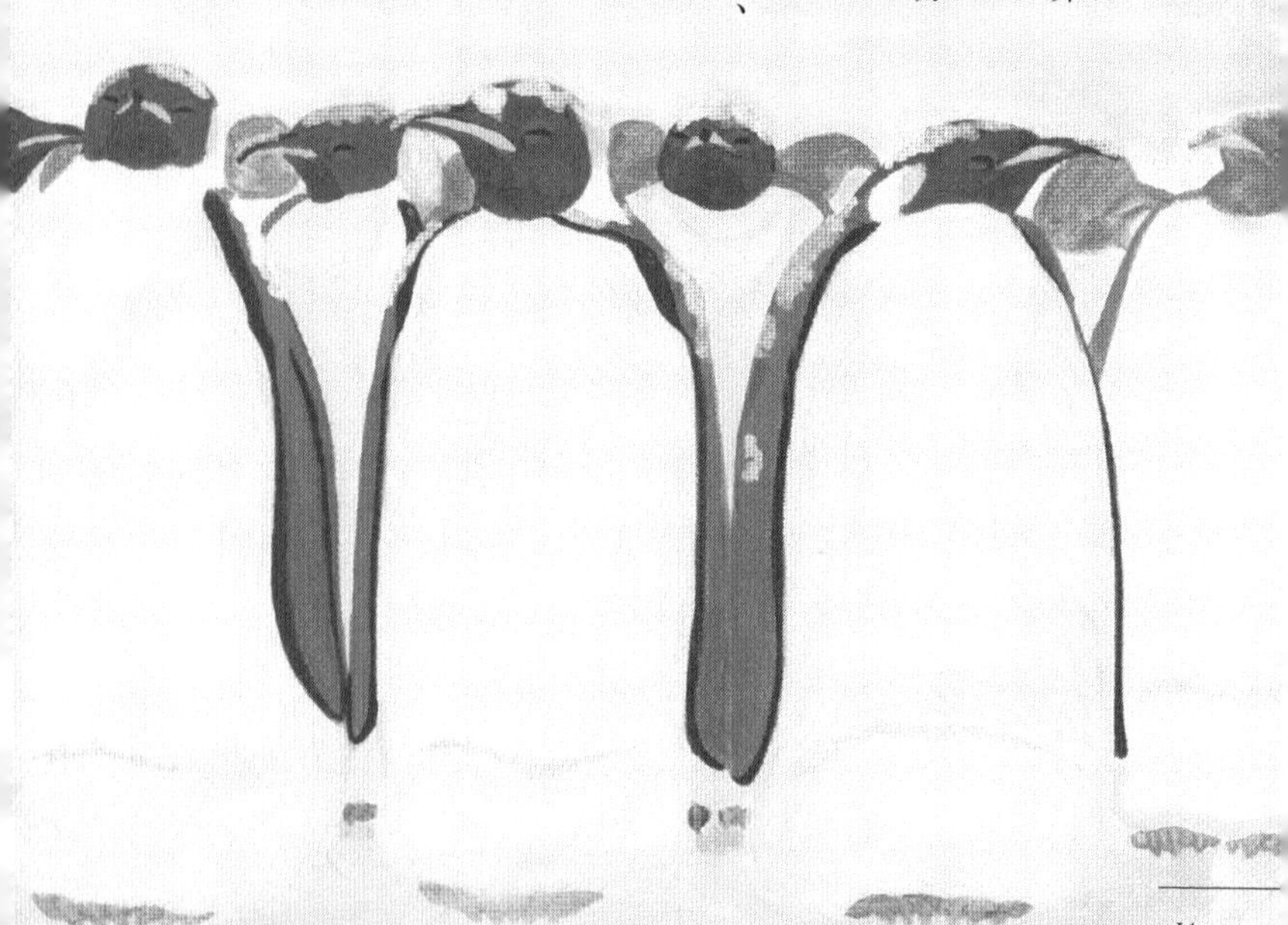

はないから、内陸へ移動を始めてからの二か月間、ペンギンたちは新たなエサは何も口にしていない。そのため、産卵を終えたメスたちは、体力を回復させるために、エサを求めて海へと戻っていく。

もちろん、オスのペンギンも何も食べていないのは同じである。それでも、メスが戻ってくる間、オスはじっと足の上で卵を温めるのだ。

季節は冬である。南極では白夜《びゃくや》を迎え、太陽の当たる時間はほとんどない。一日中、闇夜が続く。気温はマイナス六〇度。それに加えてブリザードが容赦《ようしゃ》なく吹きつける。そんな中をオスたちはじっと卵を守り続け

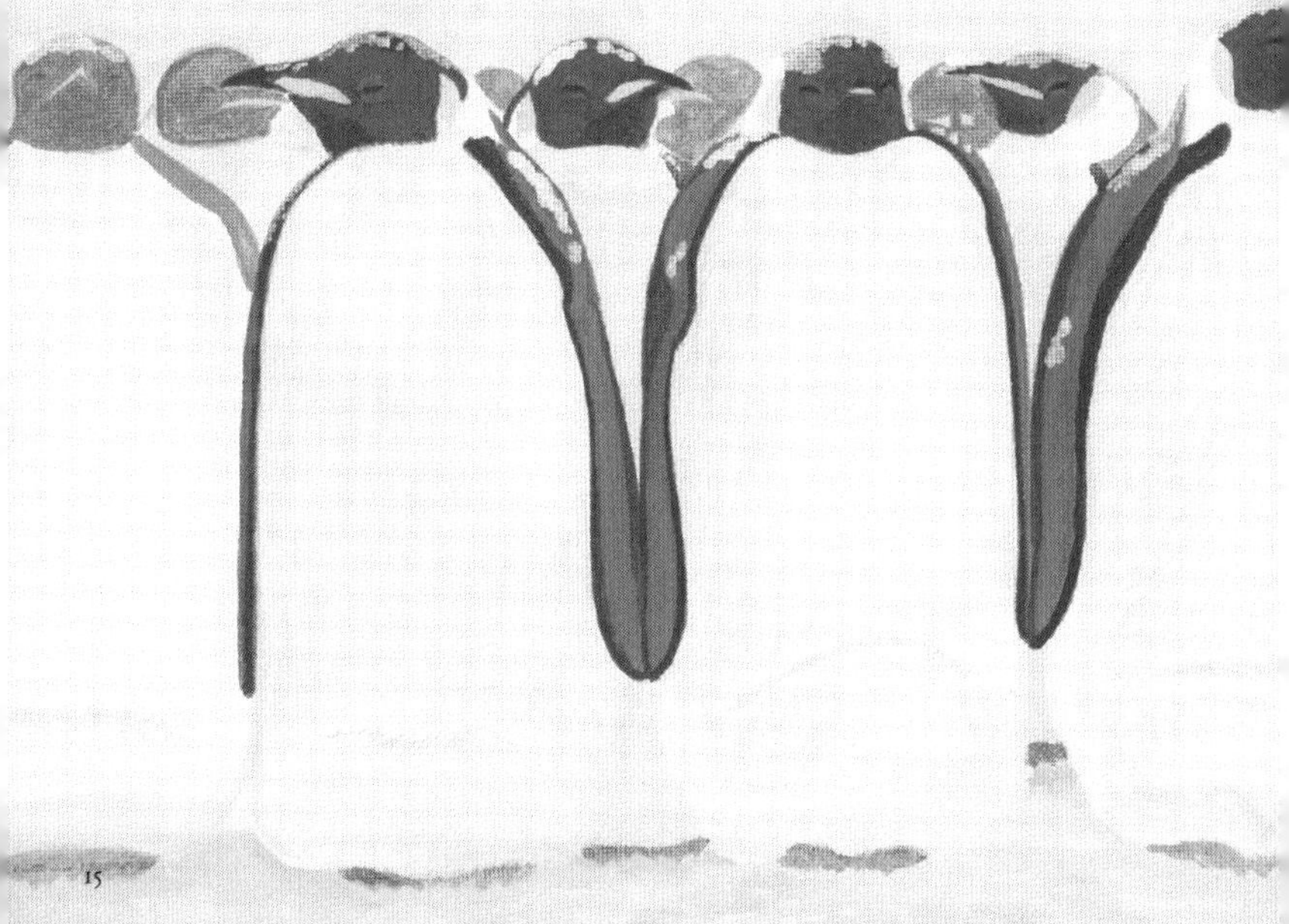

るのである。

しかし不思議である。一般的に鳥は春に卵を産み、エサの多い夏の間に子育てをする。それなのに、どうしてコウテイペンギンは、これから厳しい冬に向かおうとする季節に卵を産むのだろうか。

南極の夏は短い。一二月から一月の二か月間が南極にとっては夏と呼べる季節である。もし、暖かくなってから卵を産んで温めていたのでは、卵から孵化した子どもたちが大きくなる前に夏が終わり、子どもたちは厳しい冬を過ごさなければならなくなってしまう。冬になるまでに子どもたちを成長させようとすれば、冬の間に卵を産み、できるだけ早くヒナを孵す必要があるのである。

吹き荒れるブリザードの中を、オスたちは群れ集まって身を寄せ合う。この行為はハドルと呼ばれている。オスたちは力を合わせて厳しい南極の冬を乗り越えようとするのである。

しかし、厳しいブリザードの中で、命を落としてしまうオスもいるという。過酷な子育てなのだ。

コウテイペンギンのオスはこうして、二か月間も卵を温め続ける。海を離れたのは、その二か月前だから、オスたちは四か月もの間、極寒の中で絶食を続けていることになる。

コウテイペンギンは、ペンギンの中ではもっとも大きく、体重は四〇キロにもなる。ところが、断食が続いた結果、この季節になると、オスの体重は半分ほどにまで減ってしまうという。

やがて季節は八月となる。南極の八月は冬の真っただ中だ。

八月頃になると、長い旅を終えたメスたちが、ヒナに与える魚を胃の中にたっぷりと蓄えて、ようやく海から戻ってくる。ペンギンの胃にはそのような仕組みが備わっているのである。魚をたっぷりと蓄えたメスのお腹はパンパンだ。まさにオスたちにとっては待ちわびた瞬間だ。

そして、ちょうどこの頃、長い抱卵のかいがあって、ヒナたちが卵から生まれ出てくる。しかし、オスはヒナが生まれた後も、しばらくの間は足の上でヒナを守り続ける。

もし、メスが戻ってくる前にヒナが生まれてしまうと、ヒナたちは食べるものがない。そのため、オスは食道から乳状の栄養物を吐き出し、エサとしてヒナに与える。これは

ペンギンミルクと呼ばれている。飢えた体に蓄えられたわずかな栄養をヒナに与えるのである。

メスが戻ってくると、オスとメスとが互いに鳴き合ってパートナーを探す。不思議なことに、一万羽ものペンギンの群れの中で、声だけでパートナーを探し合うことができるという。なんという絆《きずな》で結びついた夫婦なのだろう。しかし、必ずパートナーに会えるとは限らない。

メスが戻ってきても、オスが死んでしまっていることもある。

オスが待ちわびても、旅の途中で行き倒れたメスが戻ってこないこともある。もし、メスが戻ってこなければ、オスとヒナは、飢えて死ぬしかない。

生きてオスとメスとが出会えることは、本当に幸運なことなのだ。

こうして無事にメスが戻ってくると、オスはメスにヒナを預け、メスは足の上でヒナを育てる。そして今度は、オスがエサを獲《と》りに海に向かうのである。

しかし、もう四か月もの間、何も食べていない。ブリザードの中で卵を抱き続けたオスの体力は、もうほとんど残っていない。

海までの距離は五〇～一〇〇キロメートルほどにもなる。もちろん、旅の途中にもブリザードは吹き荒れる。弱ったペンギンを狙って、海にはアザラシやシャチなどの天敵も待ち構えている。

何もない真っ白な大地を、ペンギンのオスたちは歩き続けるのだ。

飢えと寒さが容赦なく襲いかかる。オスたちは、もう限界に近い。

一羽、また一羽と歩き疲れて命が尽きてしまうオスもいる。それでも他のオスは歩き続ける。海にたどりつくより他に、生きる道はないのだ。

こうしてオスが魚を獲って群れに戻ると、今度はメスがエサを獲りに戻る。夏の季節である一二月頃になると子育ては終わりを告げる。そして、ヒナが独り立ちをすると、ペンギンの群れはエサの豊富な海へと移動し、三〜四月頃になると、繁殖のためにまた内陸に向かうのである。

コウテイペンギンは五歳くらいで性的に成熟し、寿命は一五〜二〇年であるとされている。この間、彼らは命が続く限り毎年繁殖行動をし、過酷な子育てを繰り返すのだ。

コウテイペンギンの子育ては壮絶である。そして、常に死と隣り合わせである。

たくさんの死の中で、新たな生が育まれる。
南極という過酷な環境で、コウテイペンギンたちはこうして命をつないできたのだ。

2……コチドリ

子を守るための「擬傷」と遺伝子の謎

地面に立つコチドリが翼をだらりと下げ、翼を引きずるようなしぐさをしている。

近づけば、翼をだらりと下げたまま、なんとか逃れようとする。

追いかければ、コチドリもこちらのようすをうかがいながら、少しずつ少しずつ逃げていく。

ところが、しばらく翼を引きずりながら移動していたかと思うと、いきなり飛び立ってしまった。

じつは、この鳥はケガをしていたわけではない。ケガをしているふりをしていたのである。これは「擬傷《ぎしょう》」と呼ばれるコチドリの仲間に見られる行動である。

コチドリは、スズメより一回り大きな体の鳥で、砂浜や河原《かわら》などに生息している。砂浜や河原は大きな木が少なく、木の上のような安全なところに巣を作ることができないので、砂地の中に巣を作らざるをえない。そのため、巣とはいっても、砂地にくぼみを作っただけの粗末なものだ。大きな木も、岩もなく、見通しがよく隠れることのできない環境でヒナを育てなければならないのである。

親鳥は敵が巣に接近すると、警戒の声を上げる。すると、ヒナはじっと息を潜《ひそ》めて動かなくなる。ヒナにできることは、ただただじっとして、敵に見つからないようにすることだけなのだ。

広い砂地のどこかで、コチドリのヒナがじっと息を潜めているに違いない。

イタチやヘビなどの天敵が巣に近づくと、親鳥は天敵の前に飛び出して、この擬傷を行う。

そして、傷ついて飛べないふりをしながら、敵の注意を引き、おとりとなって敵を巣から遠ざけるのである。

自らの危険を顧《かえり》みることなく、子どもたちの命を必死で守ろうとするのである。

人間であれば、感動的な親子愛のドラマということになるだろう。

しかし、行動の主は鳥である。本当に、親鳥は子どもを助けるためにおとりになっているのだろうか。敵の目を欺《あざむ》くような複雑な行動をとることができるのだろうか。そもそも、鳥類に人間のような愛があるのだろうか。

コチドリが見せる奇妙な行動は、しばしば学者たちを悩ませてきた。

コチドリが翼を引きずるようなしぐさをするのは、傷ついたふりをしているのではなく、パニックになって飛べなくなっているだけだという解釈もされてきた。しかし、コチドリの行動を見ると、間違いなく、子どもを救おうとしているように見える。

現在では、コチドリの擬傷は「利己的な行動である」と説明される。

遺伝学者のリチャード・ドーキンスは「利己的な遺

伝子」という考え方を提案し、生物は個体が遺伝子よりも優先するのではなく、遺伝子の方が個体よりも優先すると説いた。すべての生物の体は遺伝子の乗り物にすぎず、遺伝子を増やすために、「個体」という生物の体は利用されている、としたのである。

生命の本質は遺伝子にある。そう考えると、利他的と思えた生物の行動の多くは説明ができる。

自らの遺伝子は子にコピーをしていくことができるから、自らの本体を頑《かたく》なに守らなくても、たくさんのコピーを増やしていけばよい。

コチドリの親鳥が子どもを守ることも、次世代にコピーした遺伝子を残すためと考えれば、利己的な行動として説明できるのだ。

自分の身を犠牲にしても、子どもたちを必死で守ろうとする親鳥。

そんなものは本能である、そんなものは子を思う親の愛ではない、という言い方もできる。

それは間違いではないだろう。


それでは人間はどうだろう。

私たちは赤ちゃんや幼い子どもを見るとかわいいと思うが、それには理由がある。

たとえば、人間の子どもは、おでこが広く、目や鼻が顔の下の方に配置されている。この配置が子どもであることのサインである。そして、大人はこのサインを見ると、脳は「かわいい」と感じるようにプログラミングされている。そのため、猛獣であるライオンの赤ちゃんを見ても、かわいく思えるし、キティちゃんのように、その条件を満たしたキャラクターは、かわいく見える。

人間の赤ちゃんや幼児は、大人の保護を受けなければならない存在である。そのため、人間は子どものうちは、意識的であれ無意識であれ、子どもらしさのサインをアピールしようとする。そして、人間の大人たちは、子どもらしさのサインを見ると、保護しなければならないという気持ちに駆られる本能を持っているのである。

大人が子どもを見て、かわいがるのも愛ではない。言ってしまえば利己的遺伝子のなせる人間の本能である。

あるいは、子どもがいない人にとっては、甥《おい》っ子や姪《めい》っ子はかわいい。甥っ子や姪っ子は、自分と同じ遺伝子を四分の一持っているからだ。つまり、甥っ子や姪っ子をかわいがることは、遺伝子を守ることでもあるのだ。もちろん、自分に子どもができれば、自分の子どもの方がかわいらしくなるものだ。自分の子どもは自分と同じ遺伝子を二分の一も持っている存在だからだ。

このように、私たち人間の行動も利己的遺伝子によって説明される。

しかし、どうだろう。それは利己的遺伝子の働きであると言ってしまえば、あまりに冷たいし、それが本能なのだと言ってしまえば、あまりに寂しい。私たちの行動は、単なる本能ではなく愛なのだと信じたい。

コチドリの親鳥は、遺伝子のコピーを持つ子どもが危険にさらされれば、危険を顧みずに子どもを守ろうとする。

リチャード・ドーキンスが言うように、すべての生物は遺伝子の乗り物だとすれば、自分の身を守るよりも、未来に遺伝子を運んでくれる子どもが大切なのは、利己的遺伝子にとってみれば当たり前の話なのだ。

しかし、コチドリの親はそれが本能か愛かなどどうでもいいと言わんばかりに、身を挺《てい》してわが子を救おうとおとりになる。それがコチドリの親鳥なのである。

それにしても、コチドリの擬傷は命がけである。

何しろ、そこは自由のきかない地上であり、ヘビやイタチなどは親にとっても天敵で、動きが速い。その天敵を前に自ら身をさらすのだ。

実際に敵につかまって命を落とす親鳥もいることだろう。

敵を見つけて、鳴き声でヒナに警戒をうながした親鳥は、声を上げながら敵の前に躍り出て敵の注意を引くと、地面にかがみ込んで、大きく広げた翼を引きずりながらバタバタと震わせて見せるのである。

敵が近づけば、親鳥は向きを変え、ゆっくりと敵から離れていく。敵に襲われないように、一定の距離を保っているのだ。敵のようすを慎重にうかがいつつ、敵が近づけば、遠ざかり、敵が来なければ、必死に翼を震わせて敵をおびき寄せる。
少しずつ、少しずつ、親鳥は敵から離れていく。そして、敵を巣から遠ざけるのだ。
少しずつ、少しずつ。もう少し、もう少し。あともう少しだけ巣から離れれば、親鳥は
パッと飛び立って敵から逃げるのだ。
しかし、今回は敵の方が上手《うわて》だったようだ。
一瞬速くイタチが襲いかかり、親鳥の首元に食らいついた。と言うが早いか、親鳥を
くわえたままイタチは、走り去っていった。

それで、おしまいである。

コチドリは必死にヒナを育ててきた。
必死に敵に立ち向かった。
そんなドラマも、終わりはあまりにあっけない。
残されたヒナたちは、その後どうなるのだろう。

実際のところ、コチドリの寿命はよくわかっていない。
厳しい環境で生きるコチドリは、寿命を全《まっと》うするということがほとんどできないのだ。
多くのコチドリたちが、こうしてあっけなく命を落としていく。

コチドリたちは、命をかけて子どもを守る。それがコチドリの子育てである。
子どものためには、自分の命は惜しくない。それがコチドリの親なのだ。
コチドリたちの親の行動は、単なる本能にすぎないのだろうか。
それを本能だと言ってしまえば、そうなのかもしれない。
しかし、本能でないと言えば、それが真実かもしれないのだ。

3……ツキノワグマ

一年半の子育てを繰り返す母グマと銃声

私たち人間の多くは、わが子のためであれば、自らの命も惜しまない。

もし、子どもが川で溺《おぼ》れていれば、親は自らの命を顧《かえり》みずその濁流《だくりゅう》に飛び込もうとするだろう。もし、家が火事になったとしても、親は恐れることなく子どもを助けようとすることだろう。

親というのは、そういうものである。

動物はどうだろう。

深い森の中に棲《す》むツキノワグマの生態は、わかっていないことが多い。

彼らの行動範囲は、動物の中では極めて広い。

通常は単独で行動し、交尾の時期以外は、それぞれ一頭で暮らしている。オスは一〇〇～二〇〇平方キロメートルが行動圏となる。これは一〇～一四キロメートル四方という広い範囲である。

メスの場合は、少し行動圏が狭いとされているが、それでも五〇～一〇〇平方キロメートルを移動する。しかし、ツキノワグマはメスのみで子どもを育てるので、エサが少ない年には、メスはわが子のエサを求めてオスを上回るほどの広範囲を移動するという。母は、強しである。

しかし、ツキノワグマはなわばり意識が強いわけではないので、それぞれの行動圏は重なり合う。クマは単独行動をとるので、クマ同士は遭遇しないように気配に気をつけながら行動している。なわばりがないとはいっても、同じエサを目にすれば争ってしまう。そのため、お互いに出くわさないようにして、できるだけ争わないようにしているのだ。

行動範囲が広いツキノワグマにとって、道路やハイキングコースなどが整備された現在の森林環境で、一〇キロ四方を超えるような広い面積で、人間と出くわさないことは不可能に近い。しかし、ツキノワグマはクマ同士の遭遇を避けるように、人間の気配を感じれば、遭遇を避けようとする。

人間とツキノワグマが出くわしても、多くの場合は、ツキノワグマの方から立ち去っていく。それが、なわばりを持たないツキノワグマのルールなのである。

ツキノワグマが人を襲う場合もある。これは、多くは自らの身を守るための、逃げ出すための威嚇《いかく》攻撃とされる。

ただし、子連れの母親グマは攻撃的で危険と言われる。子どもの身を守ろうと必死になるあまり、我を忘れてしまうのだ。

ツキノワグマは冬になると、オスとメスは別々に穴を掘って、その中で冬ごもりをする。冬ごもりの時期は地域や年によってまちまちだが、一般的には一二月から四月くらいまでである。

じつは、ツキノワグマがどのように冬ごもりをしているのかについては、よくわかっていない。ただ、確かなことは、冬ごもりの間、一切食べ物を食べず、排尿や排便もせず、穴の中で過ごすのである。

この冬ごもりの間に、メスは二、三頭の子どもを産む。交尾の時期は初夏なのだが、クマには着床遅延《ちゃくしょうちえん》という独特の生理があり、受精した胚《はい》は、およそ一二〇〜二一〇日もの間、浮遊して着床しない。こうして、妊娠の季節を遅らせて、冬ごもりの間に出産し、冬が終わるまで穴の中で育てるのである。そして、穴を出てから翌年の初夏まで子どもと一緒に暮らすのである。つまり、ツキノワグマは一年半ほど子育てをする。

子離れの時期が近づくと、母グマたちは、一人で生きていくための術《すべ》を子に教えていく。人間と同じように、哺乳《ほにゅう》動物は親が教えることで子は生きる力を身につけていく。ツキノワグマは雑食性なので、木の芽や木の実などをエサにするが、肉食動物のように狩りもする。母グマは子どもたちに獲物の捕り方を教えていくのである。

この親離れの訓練のときに、人間がツキノワグマに襲われる事件が多いという。好奇心が旺盛《おうせい》で、狩りをするのが面白くてしょうがない子グマが、人間に対する恐れもなく襲ってくるのだ。しかも、すぐそばでは母親が見守っている。運動会の幼稚園児さながらに、母親にいいところを見せようとしているわけでもないだろうが、母グマと一緒にいる子グマは、気が大きくなってしまうのだ。

やがて子グマは独り立ちの時を迎える。母親と離れて、一頭の大人のクマとして暮らしていくことになるのだ。子グマはもう母グマと過ごすことはない。

若いツキノワグマは、他のツキノワグマとかち合わないように、新しい生息地を探さなければならない。若グマの移動距離は五〇キロメートルにも及ぶことがあるという。そして子育てを終えたメスグマは、新たなオスと交尾をして再び新しい生命を宿すのである。

ツキノワグマの寿命はよくわかっていないが、野生では二〇年前後ではないかと考えられている。メスは命ある限り子育てと子離れを繰り返すのである。

ツキノワグマは母性愛の強い動物として知られている。

ツキノワグマの子育て期間は一年半ほどである。子どもがそばにいる間は、メスは発情しないので、交尾期のオスが子育て中の母グマに出くわすと、あろうことかオスはメスの子どもを殺してしまう。こうすることで、メスの発情をうながそうとするのである。

つまり、子育て中の母グマにとっては、オスは子どもの敵である。母親にとっては、信じられるものは何もない。まわりはすべて敵なのである。

そんなときに、人間と出くわせば、母グマは全力で、自分の身と引き換えにしてでも子どもたちを守ろうとするのである。

秋になって冬ごもりの季節が近づけば、ツキノワグマはオスもメスも皮下脂肪を蓄えるために、たくさんのエサを食べなければならない。

ツキノワグマにとって、十分なエサを確保することは簡単ではない。

しかも最近では、森はヒノキやスギなどの針葉樹《しんようじゅ》が植えられて、ドングリなどのエサが極めて少ない。そこで危険だと知っているのかどうかはわからないが、エサを簡単に得ることができる畑や人里に出没することになる。

木の実やドングリなど山の恵みが豊富だった昔は、秋にクマが里へ下りてくることは少なかった。しかし今では、秋になるとクマたちが里へ下りてくる。何しろ一二月から翌年の四月くらいまでの長い間、絶食して過ごすのである。少しでも栄養のある食べ物を摂《と》って、皮下脂肪をためておかなければならないのだ。

ツキノワグマはエサを確保するために、一頭のクマが一〇キロ四方を超えるような広大な行動範囲を持つ動物である。生きていくのに必要な行動圏を森の中だけで確保することは簡単ではない。行動圏の中には、どうしても人里が含まれる。

しかし、里に下りてくるツキノワグマは、人間から見れば恐ろしい存在である。

ツキノワグマに襲われたという被害は後を絶たないし、不用意に近づけば命を奪われてしまうこともある。農作物の味を覚えたツキノワグマは、人間の住む村や畑をエサ場にするし、さらには、人間の味を覚えたツキノワグマは人食いと化すこともある。油断ならない相手なのだ。

ツキノワグマに罪はないとはいっても、彼らが人里に出没したとなれば放っておくわけにはいかない。有害鳥獣として駆除をしなければならないのだ。

日本では、一年間におよそ三〇〇〇から五〇〇〇頭ものクマが捕殺されている。それは人間の暮らしを守るためなのだ。


ツキノワグマは、母性愛の強い動物である。

子育てをする母グマにとっては、親子が冬越しするためのエサを確保することは大変な作業である。

深い森に棲むツキノワグマにとって、見通しのよい開けた人里は、けっして居心地のよい場所ではないはずである。しかし、子グマのために、危険な人里に下りるクマも後を絶たない。


どうやら、このクマの親子も、エサを求めて人里にやってきたようだ。

二頭の双子の子グマを連れたその母グマは、用心深くあたりを見回して警戒した。どうやら人間の姿はないようだ。

母グマは安全を確かめると、森の方を振り返り、子どもたちを呼び寄せた。茂みの奥から顔を出したのは、まだ幼い子グマだ。母と子はそっと森の外へと足を踏み出す。

母グマも、子どもたちを連れて出て行くには、人間の住む里が危険であることは十分にわかっている。人里は恐ろしい場所だ。わざわざ出かけていくような場所ではない。しかし、それでも今度ばかりは里に下りなければならない。

何しろ山にはあまりに実りが少ない。ドングリはいつもの年よりまったく少ないし、木の実

などまるでない。クマは雑食性だから、食べ物の好みをうるさく言う方ではない。それでも、食べるものが足りないのだ。

お腹を空かした子グマたちのために、ついに母グマは決心をした。たとえ、どんな危険が待ち構えているとしても、この子どもたちを立派に育て上げなければならないのだ。

なんとか子どもたちにエサを食べさせ、無事に森に戻らなければ……。

慣れない場所でのエサ探しに夢中になっていたのだろうか、母グマは、自らの体に照準が向けられていることに、まったく気がついていないようだった。

銃口《じゅうこう》がゆっくりと標的をとらえた。

どれだけの静寂《せいじゃく》が続いたことだろう。その静寂を打ち破るように、

突然、山里に銃声が鳴り響いた。

そして、山里にこだまする銃声の音が鳴りやむと、再び静けさが訪れた。


日本では、年間に数千頭ものクマが捕殺されている。

この母グマも、その数千頭の中の一頭にすぎない。

双子の子どもたちは、あれからどうしたことだろう。無事に父や母になって暮らしているだろうか。

4……オビラプトル

化石から見えてきた恐竜たちの愛

オビラプトルという名の恐竜がいる。

オビラプトルは、ラテン語で「卵泥棒」という意味である。


オビラプトルの化石が最初に発見されたのは、一九二三年のことである。

その化石は、モンゴルのゴビ砂漠で発見された。この地域は、角竜《つのりゅう》のプロトケラトプスの卵の化石が多く発見されることで知られている。オビラプトルの化石は、卵が並べられた巣の中で発見された。

そのため、オビラプトルは、プロトケラトプスの卵をエサにするために巣に近づいてきたまま化石になったと考えられたのである。

しかも、オビラプトルの口は、オウムのくちばしのような形をしていて硬い物を噛《か》み砕きやすいようになっており、卵を割って食べると考えられていたのである。

恐竜の中には、現在の鳥のように、卵を抱いて子育てをしていたものがいたとされる。卵は、恐竜の親にとっては大切な存在である。その大切な卵を親の目を盗んで食べてしまうとは、なんという恐竜だろう。

オビラプトルは、そんな軽蔑《けいべつ》とともに、「卵泥棒」と名づけられたのだ。


しかし、である。

じつは、この命名が、とんでもない誤解だったことが後になって判明した。卵の化石の中に、オビラプトルの胎児が入っていたのである。

つまり、発見された卵は、オビラプトル自身のものだったのだ。オビラプトルは、卵泥棒ではなく、その巣の主であり、鳥のように卵を温めていた親だったのである。巣の中で発見されたオビラプトルは、卵を抱いたまま化石になったと考えられる。

その後の研究で、オビラプトルのくちばしは、卵を割るためのものではなく、エサとなる貝を噛み砕くためのものだったことが判明する。

卵泥棒は、まったくの冤罪《えんざい》だったのである。

絶滅してしまった恐竜の生態を知るには、化石を調べるしかない。しかし、死んでしまった恐竜のすべてが化石になるわけではない。恐竜が化石として残るためには、特殊な条件が必要だ。

死んだ恐竜の体は、空気に触れていると腐ってボロボロになってしまう。そのため、海や池の底に沈んだ恐竜の体に土砂が堆積《たいせき》し、地層の中に埋め込まれなければならない。海に暮らす生き物であれば、死骸《しがい》は海底に沈むが、陸上に棲《す》む生き物では、そうはならない。死骸が川を下り、海に流され、そして海底に沈まなければならないのだ。

しかも、その死骸の上に土砂が積み重ならなければならない。ぐずぐずしていれば、死骸は他の生き物のエサとなり、食い荒らされてしまう。そうなれば、化石にならない。化石として後世に残ることができるのは、本当にわずかな死体なのだ。

古代の生物の全身が化石として残ることは本当に珍しいし、わずかに残された化石を手がかりにして恐竜の生態を知ることは簡単ではないのだ。

オビラプトルは、卵を抱いたまま、卵と一緒に化石になった。

恐竜の死体は、短期間で地層の中に閉じ込められなければ、化石になれない。

巣の中で死んだオビラプトルは、どのようにして化石になることができたのだろう。

陸上に棲む生き物が、一気に土砂の中に埋められる条件がある。

たとえば、火山の噴火だ。

火山が噴煙《ふんえん》を巻き上げれば、大地は火山灰で埋め尽くされる。

あるいは、大洪水もその条件の一つだ。洪水が起これば、一気に土砂が押し寄せる。

こうして、土砂の下に埋まれば、化石になる条件が整うのである。

オビラプトルの化石は、巣の中

で、卵と一緒に見つかった。

最初は卵泥棒と勘違いされてしまったが、現在では卵を抱いたまま化石になったと考えられている。

逃げ惑う状態で化石になったわけではない。あわてふためく姿が化石になったわけでもない。

おそらくは、火山灰が降り積もる中で、オビラプトルは逃げようとはしなかった。

おそらくは、迫り来る土砂の中で卵のそばを離れなかった。

そして、卵を守り続けたまま、化石となったのである。

オビラプトルは、卵泥棒ではない。

オビラプトルは、そういう恐竜だったのである。


恐竜ははるか昔に地球に存在し、今では絶滅してしまった生物である。

こんな大昔の生物に「親の愛」があったのだとしたら、と考えると、それはとても不思議な感じがする。

親の愛というものは、いったいどのようにしてこの世に生まれたのだろうか。

親の愛というものは、どのようにして進化を遂げたのだろうか。

そして、進化の頂点にある私たちホモ・サピエンスの愛は、オビラプトルよりも、ずっと進化したものなのだと言えるのだろうか。

本当に不思議である。

5……カバキコマチグモ

最強の毒グモの最期の日は、わが子の誕生日

日本に毒を持つクモは少ないが、最強の毒を持つのがカバキコマチグモである。

このクモは、体長が二センチ程度と小さいが、その毒は毒ヘビやフグよりも強く、世界の猛毒生物の六番目にランキングされているほどである。

体は小さく、毒も少量なので、幸い日本での死亡例は報告されていないが、海外では嚙《か》まれて死亡した例もあるというから、危険であることに間違いはない。

死亡することは稀《まれ》とはいえ、カバキコマチグモに嚙まれると、激痛が走り、腫《は》れあがる。頭痛や発熱、呼吸困難やショック症状を起こすこともあるという。

カバキコマチグモに嚙まれる事故は、六月から八月頃にかけて多くなる。

この時期は、このクモの産卵期にあたるので、特に注意が必要なのだ。

カバキコマチグモの巣は目立たない。このクモは、ふつうのクモのような「蜘蛛《くも》の

巣」を張ることはなく、ススキなどの細長い葉を丸めるように折り曲げて、筒状の巣を作る。そして、巣から出て歩き回っては、獲物となる昆虫を捕らえて食べるのである。

やがて、カバキコマチグモのメスは、卵を育てるために新たな巣を作る。そして、オスと交尾を終えたメスは、葉を丸めた筒状の巣の中に一〇〇個程度の卵を産み、巣の中で卵を守るのである。

卵を守っているこの時期は、母グモは警戒心が強く、気も立っているから、草むらに分け入って、不用意に巣を壊してしまうと、母グモに攻撃される危険性が高い。

カバキコマチグモは、卵を守る虫である。

自然界の中で、卵や子どもを守り、子育てをする生物は、じつは少ない。

人間と同じ哺乳類《ほにゅう》や、鳥の仲間の多くは子育てをする。しかし、トカゲなどの爬虫類《はちゅう》や、カエルなどの両生類、メダカなどの魚類は、一部の例外を除いて子育てをしない。卵を産んでおしまいである。

「子どもを育てる」ということは、強い生物だけに与えられた特権である。

哺乳類や、鳥類が子どもを育てるのは、親が子どもを守ることができる強さを持っているということなのである。

弱い生物が子どもを守ろうとしても、卵もろともに親も食べられてしまっては、元も子もない。そのため、多くの生物は卵を産みっぱなしにせざるをえないのである。

小さな虫であれば、なおさらである。

小さな虫は、弱い存在である。さまざまな生物が小さな虫をエサにしている。そんな虫が卵を守ろうとすれば、よほどの強さが必要とされる。

子育てをする虫として知られているものに、サソリがいる。

サソリは、強力な毒針を持っている。この毒針は獲物を捕らえるためのものであるが、この強力な武器で、卵や子どもを守ることができる。そのため、サソリは子育てができるのである。

クモは、他の昆虫をエサにする生き物であり、虫の世界では、比較的強いため、クモの仲間にも卵や子どもを守るものがある。

カバキコマチグモは、そんな子育てをするクモの一例である。強力な毒を持つカバキコマチグモのメスは、「子育てをする」という特権を与えられた、強い母親なのだ。

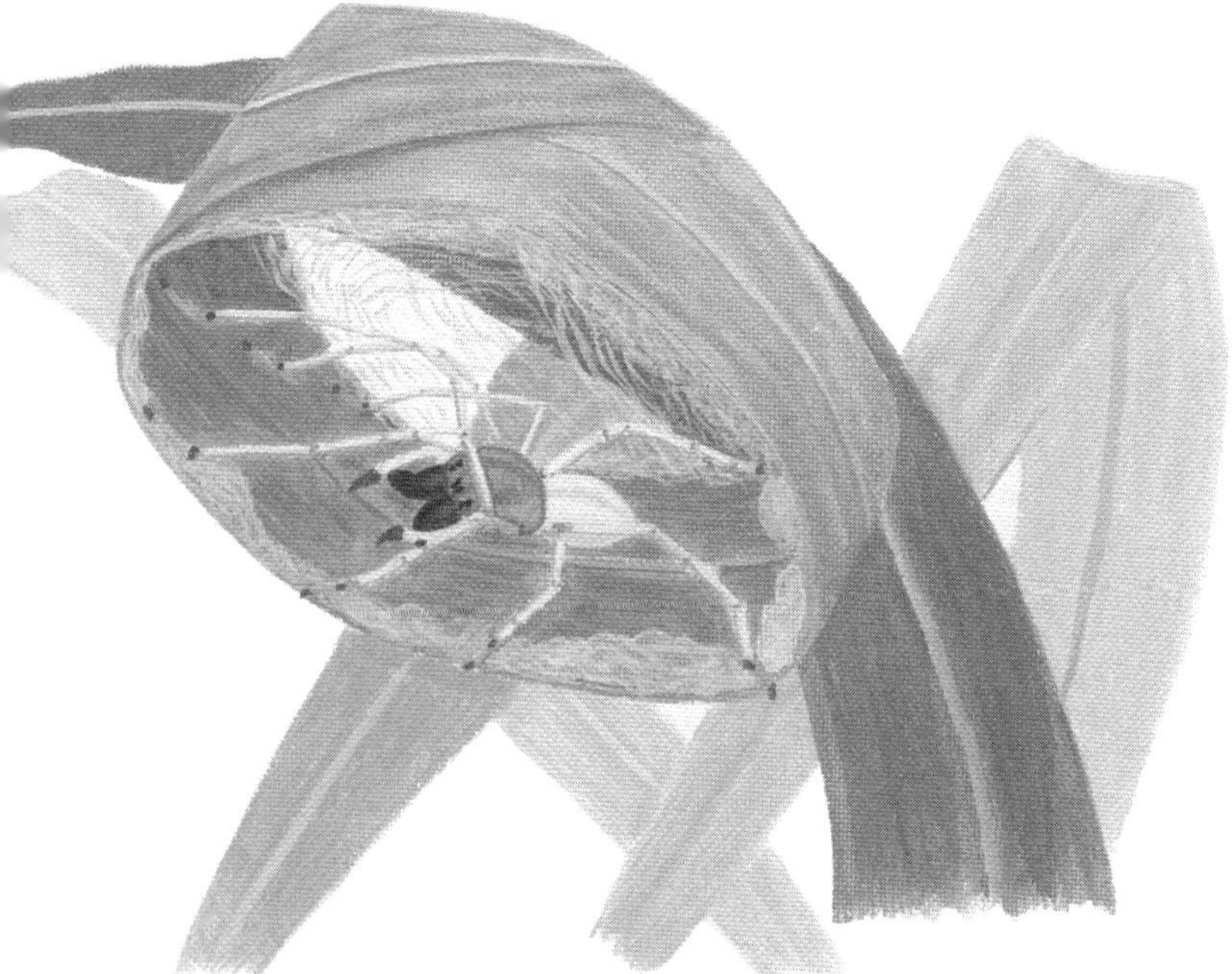

カバキコマチグモの母親は、巣を離れてエサを獲《と》りに出かけることもせず、絶食状態で、じっと卵を守り続けるのである。

やがて卵が孵化《ふか》をして、赤ちゃんグモが生まれてくる。

母グモにとっては、首を長くして待ちわびた瞬間だろう。

そして、赤ちゃんグモが誕生したこの日、カバキコマチグモの親子には壮絶なドラマが待っている。

生まれたばかりの赤ちゃんグモは、最初の脱皮をする。脱皮を終えると自由に動き回れるようになるのである。

歩き回れるようになった赤ちゃんグモが、最初にすることは何だろう。そして、このとき母グモは、何をするだろう。

あろうことか、赤ちゃんグモたちは、一斉に母親に食らいつき始める。そして、母親の体液を吸い始めるのである。

母親からミルクをもらうわけではない。母親の体液を吸い始めるのだ。

驚くべきことに、母親は逃げようともせずに、赤ちゃんグモたちがやるに任せて、体液を吸わせている。

母グモは、けっして動けないわけではない。逃げられないわけでもない。その証拠に、人間が巣を調べようとすると、母グモは威嚇《いかく》して、敵を追い払おうとするようすが観察されている。

母グモは、体液を吸われながらも、わが子を守ろうとするのである。

この日こそ、母グモにとっては、記念すべき日であった。そして、この日のために、母グモは卵を守り続けてきたのだ。

生まれたばかりの赤ちゃんグモたちの食欲は、旺盛《おうせい》である。

半日もすれば、母親の体液は子どもたちに吸い尽くされて、母親はすっかり抜け殻のような姿になってしまう。そして、栄養をたっぷり蓄えた子どもたちは、次々に巣の外へと独り立ちしていくのだ。

カバキコマチグモの赤ちゃんたちが生まれた日は、母親にとって最期の日となる。

親のない命はない。

すべての命には親がある。そして、親というものは、子どもに命を託していくのだ。

こうして命はつながっていく。そして、この子どもたちの中のメスも、やがて、母親のように生き、母親のように死んでいく日が来るのだろう。

カバキコマチグモの母の姿に、私は、ある女性の残した短歌を思い出した。

遺産なき母が唯一のものとして残しゆく「死」を子らは受け取れ

『花の原型』

乳がんのために、三一歳の若さで二男一女の子を残して亡くなった中城《なかじょう》ふみ子（一九二二―一九五四）の歌である。

母親というものは、壮絶な存在なのだ。

6……ゴリラ

「幼稚園」での集団保育と、家族に囲まれた最期

ゴリラは死に対して、強い関心を持つ動物であると言われている。

ゴリラのような野生動物が、「老い」や「死」というものをどこまで理解できているのかはわからない。しかし、いくつかの調査では、ゴリラが仲間の死体に集まって、長い間じっと見つめていたり、仲間の毛づくろいをしたりしている姿が観察されている。

そのようすは、まるで弔《とむら》いをあげているように見えるというのだ。死体を揺り動かして起こそうとするようすも見られるという。

本当のところ、ゴリラは「老い」や「死」をどう感じているのか。

いずれにしても、ゴリラにとって「仲間が死ぬ」というのは、不思議で、特別なことなのだろう。

そのご老体は、家族に見守られながら、今まさに息を引き取ろうとしていた。

ゴリラの最期は幸せである。

ゴリラは一頭のオスをリーダーとし、複数のメスとその子どもたちからなる二〇頭ほどの群れで行動する。群れを守り続けたリーダーであるゴリラは、最後まで群れのリーダーとして死を迎えるのである。

リーダーの死に対して、群れのゴリラたちはどのような行動をとるのだろう。観察された例がある。

それによると、オスのゴリラが老衰で死のうとしたとき、メスや子どもたちは彼を慕《した》い、彼が冷たくなるまでその場を離れなかったという。また、死んでしまったオスのゴリラの毛づくろいをしているようすも観察されている。

ゴリラの寿命は、野生では、三〇年から四〇年くらいであろうと推察されている。

彼がこの世に生を受けたのも、四〇年ほど前のことであった。

十年一昔という言葉があるが、もうずいぶんと昔のことだ。

ゴリラは大人になれば、大きいオスであれば体重は二〇〇キログラムを超える。しかし、ゴリラの赤ちゃんは、人間の赤ちゃんよりも小さく一八〇〇グラム程度しかない。この小さな赤ちゃんが、大きく成長を遂げていくのだ。

哺乳《ほにゅう》動物の成長は速い。シマウマやキリンのような草食動物では、生まれたばかりの赤ちゃんがすぐに立ち上がって走り出す。ライオンやオオカミなどの肉食動物も、一年か二年で一人前の大人になる。

ところが、ゴリラの成長は、ずいぶんとゆっくりである。ゴリラは生まれてから三年間も母親が授乳をする。乳離れが遅いのだ。哺乳動物は、毎年、出産をするものも多いが、子育てに時間のかかるゴリラは、四年から六年くらいおきに出産をする。ゆっくりと育てるのである。

ゆっくりと子育てをすることができるのは、ゴリラが子どもを守る力がある証《あか》しである。子どもの死亡率が高い動物は、次々に子どもを産む必要がある。しかし、ゴリラは子どもの生存率が高いので、ゆっくりと子どもを育てることができるのである。

また、ゆっくりと成長するのは、それだけ大人になるために学ぶことが多いということだ。

子育ての期間が長ければ、親はそれだけたくさんのことを子どもに伝えることができる。そして、親のゴリラはゴリラがゴリラとして生きるために必要な経験や知識を時間をかけて子どもに教えていくのである。

ゴリラは性的に成熟した大人になるのに一〇～一五年を必要とする。しかし、オスは大人になってもこの時点では一人前と見なされない。オスの大人のゴリラは、背中の毛が白色になる「シルバーバック」が特徴的である。シルバーバックは、一三歳頃になると現れるが、若いゴリラはまだまだシルバーバックがはっきりしない。歳をとり、円熟味を増すことで、シルバーバックは貫禄のある立派なものになっていくのだ。後頭部が盛り上がり、ゴリラらしい姿になるのは、一八歳くらい。本当に、ゆっくりと成長していく。ゴリラが大人になるのは大変なのだ。こうして大人になったゴリラたちは、群れを離れてゆく。

大人になったオスのゴリラは、新たな小さな群れを作る。最初は数頭の小さな群れである。年を経て、その群れをだんだんと大きくしていくのだ。

ゴリラの子育てを見てみよう。

ゴリラの子どもは、三年間は母親にべったりで育つ。お母さんゴリラは、最初の一年は片時も離すことなく、赤ちゃんゴリラを抱っこしている。その後も三年間はお乳を与え続けるのである。こうして母親は愛情を注ぎ続けるのだ。しかし、離乳する頃になると、集団保育が始まる。いわばゴリラの幼稚園である。

ゴリラの幼稚園の先生は、群れのリーダーのオスである。

ゴリラは一夫多妻で、一頭のオスと複数のメスで群れを形成するが、オスはメスの集団とは少し距離を置いている。

そして母親たちが、オスのゴリラのところへ、それぞれ子どもを預けにくるのだ。オス

のゴリラのまわりには子どものゴリラが集まり、本当に幼稚園のようだ。

オスのゴリラは積極的に子どもたちの面倒を見ることはない。ただ、遊ばせておくだけである。子どもたちに対してオスのゴリラは寛容《かんよう》だ。乱暴に背中に乗ってきても気にもとめないし、膝《ひざ》に乗せて抱っこしてみたりもする。

しかし、子どもたちがけんかを

始めると仲裁《ちゅうさい》に入る。オスのゴリラは、年下の子どもや、攻撃を受けた方の子どもを保護する。

ゴリラの群れは家族で構成されるから、オスのゴリラにとっては、すべての子どもが、自分と血のつながった子どもである。そのため、特定の子をえこひいきすることはない。母親は、自分が産んだ子どもがかわいいから、どうしても自分の子どもをかばってしまう。そうなれば子どものけんかが、母親同士のけんかになってしまうかもしれない。

そんなことがないように、オスのゴリラは公平な目で、ゴリラ同士のコミュニケーションのとり方や、群れのルールを教えていく。けっして母親任せにはしない。次世代を育てることが群れのリーダーの役割である。そして、それが群れを守ることだと知っているかのようだ。

さらにこの時期は、オスのゴリラが「父親」となる大切な時期でもある。

メスのゴリラは、子どもを産んだその瞬間に母親となることができる。しかし、オスのゴリラはそうではない。こうした子どもとのつながりを持ちながら、オスのゴリラは「父親」となっていくのだ。

こうして、子どもたちは父親のもとで集団生活を学び、母親のもとに戻って寝床で寝ることを繰り返しながら成長していく。それは、まるで「自立」と「甘え」の間を行ったり来たりしているかのようである。

ゴリラは地面の上に葉や草を敷き詰めて寝床を作るが、子どものゴリラたちは五歳くらいになると、母親の寝床ではなく、父親の寝床の近くに自分の寝床を作って眠るようになる。こうなると子どものゴリラは母親のところに戻ることはない。こうして母親から離れ、自立していくのだ。

ゴリラは、じつに愛情の深い動物である。

ゴリラは猛獣とも言われているが、実際にはおとなしく穏やかな動物で、優しい動物でもある。

動物園で、柵《さく》の内側に落ちてしまった人間の子どもを、近づいてきたゴリラが助けたという話もいくつもあるくらいだ。

もちろん、おとなしいだけではない。優しいだけでもない。

群れを守るためにはリーダーのゴリラは危険を顧《かえり》みない。もしヒョウなどの肉食獣に襲われれば、猛然と立ち向かう。それがリーダーなのだ。

かつては、見世物にするために、不幸にしてゴリラの密猟が盛んに行われていた。また、動きの遅いゴリラは、銃で仕留めやすい。ゴリラの生息地の中央アフリカでは、食料にするために現在でも殺され続けている。

ゴリラを猛獣と恐れた人間は、ゴリラにとって戦うべき敵だったのだろう。

そもそも、ゴリラというと胸を叩くしぐさが有名だが、ドラミングと呼ばれるこの行動も敵を威嚇《いかく》するためのものだ。人間が狩りをし、ゴリラを刺激するから、ゴリラは戦おうとする。

ゴリラを猛獣にしていたのは、人間の方だったのである。

彼にも若かりし日はあった。青春と呼ばれる日々もあった。

ゴリラは一〇～一五年で大人になり、やがて群れを離れる。

ゴリラの群れは一頭のオスをリーダーとし、複数のメスとその間に生まれた子どもたちで構成される一つの家族である。

大人になったメスのゴリラは別の群れに移り、そこのリーダーの妻となる。

そして大人になったオスのゴリラは新たな群れを作り、リーダーとなる。これがゴリラ社会のルールである。

しかし、若いオスは大変である。人間では若い男性の方がモテるかもしれないが、ゴリラの場合は、年老いていれば年老いているほどモテる。

危険なジャングルを生き抜き、群れをまとめあげるリーダーに求められるのは、若さではなく、豊富な経験なのである。

群れの中にいる間、若いオスたちは、弟妹《きょうだい》である年少の子どもたちの面倒をよく見るし、弟妹がけんかをしていれば仲裁に入る。こうして、群れのリーダーになるべき資質を磨いていくのだ。

やがて、彼も経験を積み、歳をとる。

ゴリラは一夫多妻である。オスのゴリラは優しくすべてのメスに気配りをしながら、群れを統率する。

しかし、メスの数が多くなれば、一頭のオスのゴリラではとても間に合わない。メスにしてみても、たくさんの中の一頭になるよりは、メスのいない他のオスについた方が得かもしれない。若いオスは、そんなメスと一緒になる。この夫婦が群れの最初である。

しかし若いオスも、歳をとるにつれて、だんだんとメスの人気が高まってくる。彼のまわりにも次々にメスが集まり始めた。こうして群れが大きくなっていくのである。

群れのリーダーとなった彼は、幼い頃、彼の父親がしていたように、子どもたちを優しく見守り、厳しくしつけをした。ときには家族を守るために、ゴリラの捕食者である襲い来るヒョウに命をかけて立ち向かったこともあった。

こうして四〇年ほどの月日が過ぎた。

野生の動物で天寿を全《まっと》うできるものは、ほとんどいない。それはゴリラであっても同じである。ヒョウに襲われて死んでしまう仲間もいる。病気や事故で命を落とす仲間もいる。しかしゴリラは、野生動物の中では、天寿を全うできるチャンスのある数少ない動物の一つだろう。

このゴリラも、おそらくそんな幸運に恵まれた。

目も見えなくなり、耳も聞こえなくなり、体も動かなくなってしまった。

今、彼を囲むのは愛情を注いできたメスのゴリラや子どもたちだ。

死にゆくオスのゴリラの脳裏《のうり》に浮かんだことは何だろう。

こうして、一頭のオスのゴリラが、長い生涯を終えたのである。

7……チーター

狩りも子育ても一身に背負う母の苦難

弱肉強食という言葉がある。

シマウマやヌーなどの草食獣は、ライオンなどの肉食獣の餌食《えじき》になる。

まさに弱いものの肉を強いものが食うのである。

しかし、本当に弱いのはどちらだろうか。

シマウマやヌーなどの草食動物は一度の出産でたった一頭の子どもを産む。

百獣の王のライオンは、一度の出産で、二、三頭の子どもを産む。

ライオンの方が子どもの数が多いのは、それだけ、子どもが死ぬ確率が高いということだ。

実際にライオンは、大人になることなく死んでしまうものが多い。ライオンの生後一年以内の死亡率は、六〇%を超えると言われている。そのため、一度のお産で二、三頭は産まなければ、個体数を維持できないのだ。

それにしても、百獣の王であるライオンの子どもたちは、どうして死んでしまうのだろうか。

その一番の原因は「飢え」である。

弱肉強食とはいっても肉食獣は、簡単に草食獣を捕らえられるわけではない。草食獣は肉食獣に襲われないように群れをなしている。さらには、肉食獣の接近に気がつけば、逃げ切るだけの走力も備えているのだ。

ライオンは一頭のオスと複数のメスで群れを作る一夫多妻だが、オスは広いなわばりを外敵から守る役割を担っている。そして、メスのライオンが、群れを作って狩りをするのだ。ライオンといえども、一頭では獲物を仕留めることが難しいのだ。もっとも、メスのライオンがチームで狩りをしても、狩りの成功率は二〇〜三〇%であるという。獲物にありつくのは大変なことなのだ。

しかも、群れで獲物を仕留めたということは、群れで獲物を分けなければならないことになる。

たった一頭仕留めた獲物を、群れで食べていく。まずエサにありつくのは、狩りをしていないオスのライオンだ。そして、オスのライオンが食べ終わるとメスのライオンや子どものライオンが食べる番だ。

しかし、体の大きいライオンは、食べる量も多い。一頭を仕留めただけではとても食べ物が足りない。オスのライオンがほとんど食べ尽くしてしまうこともある。そうなれば、メスや子どもたちは、わずかに残った肉を争うように食べあさる。こんな状態だから、とても子どものライオンにまで食べ物は回ってこない。子どもたちはお腹を空かせたまま、飢えて死んでしまうのだ。

これが、肉を食べなければ生きていくことができない肉食獣の宿命である。

走るのが速い草食獣を捕らえるために、進化を遂げた動物がいる。

チーターである。

チーターは時速一〇〇キロメートルを超える速度で走ることができる。まさに、世界最速の動物である。この速度から逃れることのできる動物は皆無《かいむ》であろう。

ところが、チーターの狩りの成功率は、四〇~五〇%と言われている。驚くことに半分くらいの確率で、草食獣はチーターから逃れているのだ。

チーターは直線距離で走れば時速一〇〇キロメートルで走れるが、獲物となる草食獣のガゼルはジグザグに走ったり、ぴょんぴょん跳《と》んでチーターの狙いを惑わせる。また、チーターは持久力がないため、全速力で走れるのは一〇～二〇秒ほどである。この短時間に仕留められなければ、草食獣に逃げられてしまうのだ。

チーターは、群れで狩りをするライオンと違い、単独で狩りをする。ただ、その成功率は、ライオンが二〇～三〇%であるのに比べれば、けっして低くない。

それなのに、チーターは一度に五、六頭の子どもを産む。

肉食獣に食べられる草食獣は、一頭の子どもしか産まない。子どもの死亡率が高いライオンでさえ二、三頭し

か産まない。それなのに、チーターは五、六頭産む。それだけチーターは子どもの死亡率が高いということなのだ。

チーターは年に一度、繁殖し、母親が一頭で子育てをする。妊娠期間は、九〇日程度である。もちろん、この間もチーターの母親は狩りを続ける。

もっとも、子どもを産んだ後の方が大変だ。肉食獣から逃げ回らなければならない草食動物の子どもは、生まれて間もなく歩けるようになる。しかし、チーターの子どもが歩けるようになるまでにはしばらく日数がかかる。人間に比べればずいぶん早いが、危険に満ちたサバンナで動くことのできない無防備なチーターの子どもは、ライオンやハイエナなどの他の肉食動物からすれば、かっ

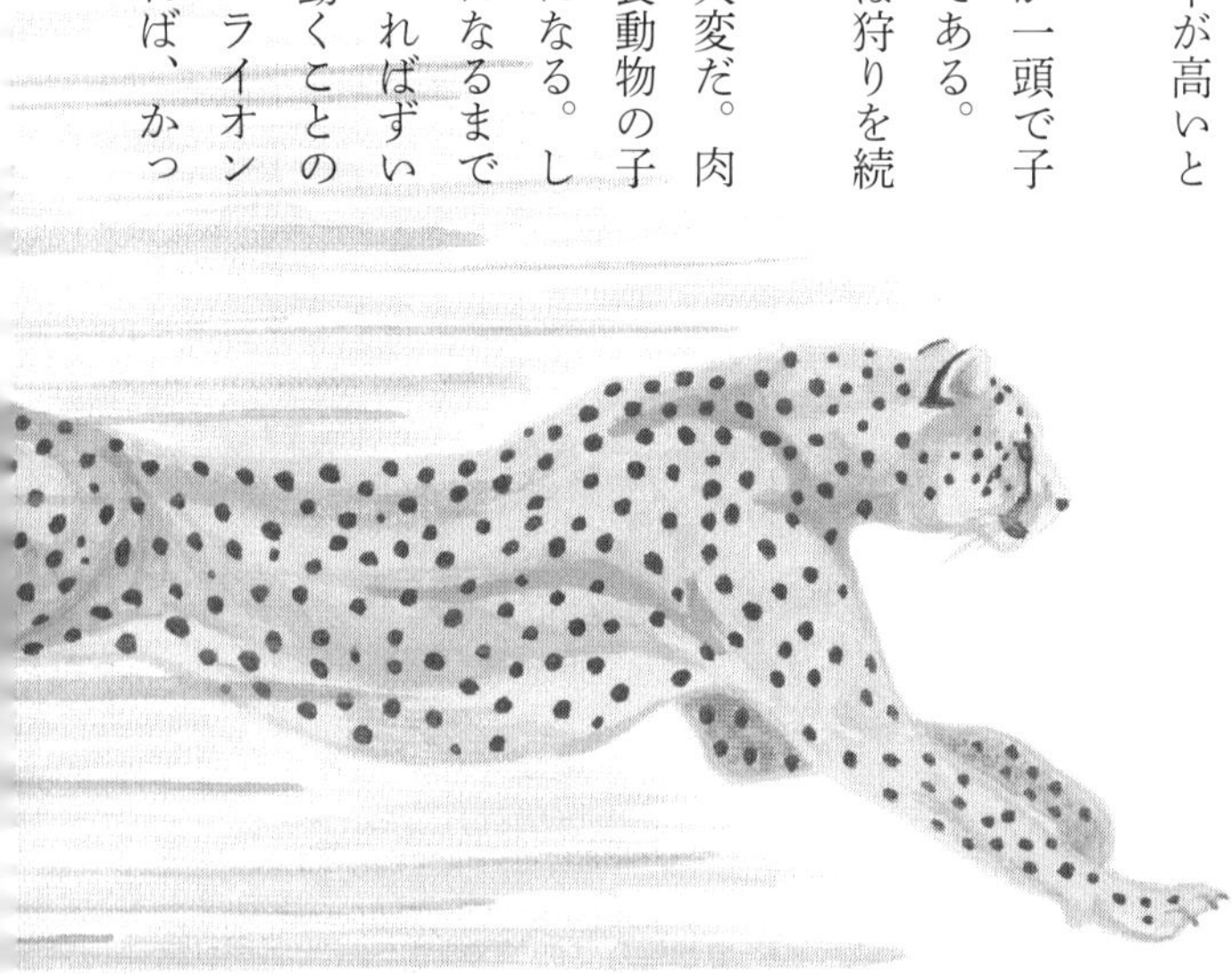

こうの獲物だ。

母親は、敵に見つからないように、数日ごとに子どもを運び隠れ家を移していく。だが、母親は、子どもたちを残して狩りに行かなければならない。子どもは、じっと隠れ家で身を潜《ひそ》めている。見つかったら終わりだ。しかし、隠れ家といっても、サバンナの中のくぼみのような場所である。この時期に、多くのチーターの子どもたちは、敵に見つかって命を失ってしまう。

やがて、子どもたちは親について歩けるようになる。それでも、母親は大変だ。自分の分だけであれば、数日に一度、獲物を手に入れられれば生きていくことができる。しかし、子育て中の母親は育ち盛りの子どもの分までエサを確保しなければならないため、毎日、獲物を獲《と》る必要があるのである。もはや狩りの成功率などと言っている場合ではない。

こんな過酷な子育てが、一年半から二年も続くのだ。チーターは狩りに成功しなければ生きていけない。狩りの方法を覚えることは生きるための必須の術《すべ》なのだ。

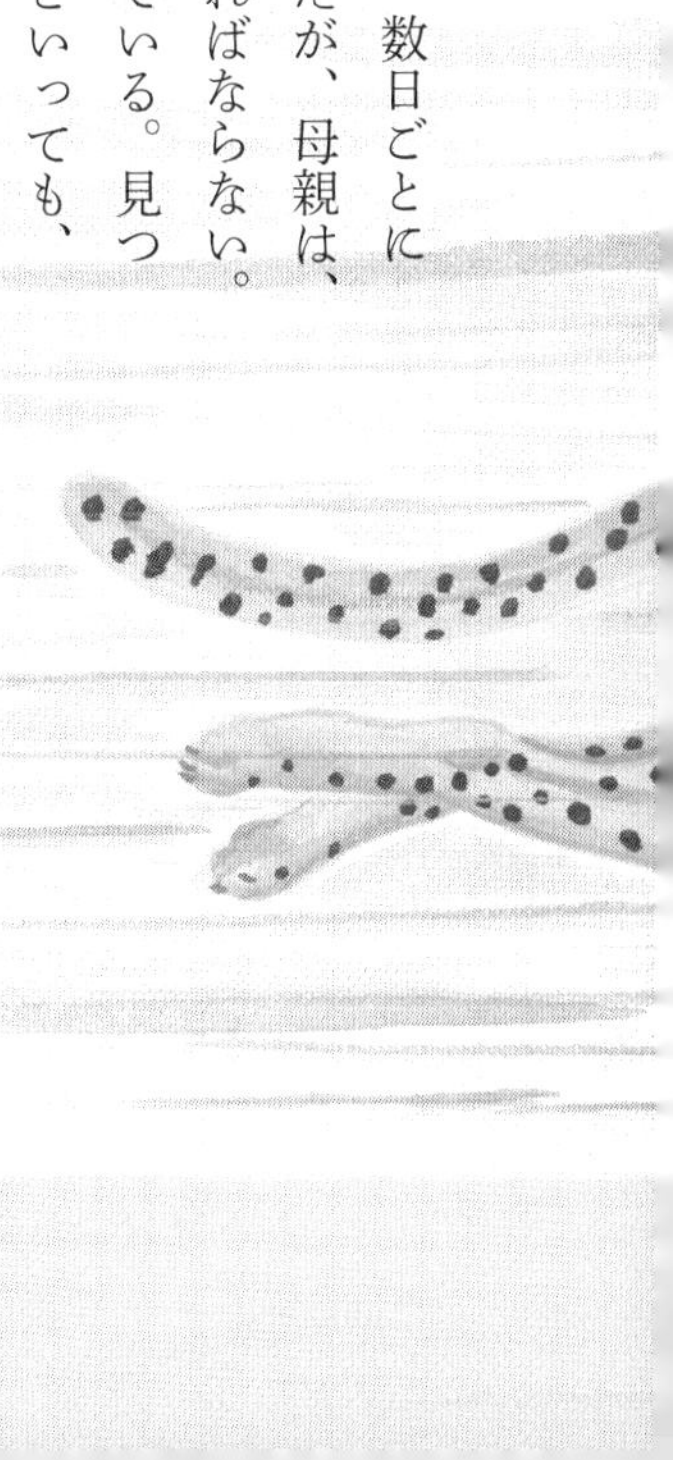

チーターは生まれつきのハンターではない。狩りの方法を学ばなければハンターとして生きていくことはできない。

そのため、狩りを教えようと母親は懸命だ。

チーターの子育ての時間は長い。しかし、この期間に独り立ちできるまでに狩りを教え込もうとするならば、時間は短い。この間に狩りのすべてを教えなければ、子どもたちは自然界で生き抜くことができないのだ。肉食獣であっても、教わることなくできることは何もない。すべては成長する中で学んでゆくことなのだ。

母親はチーターの子どもと同じくらいの大きさの、小さなガゼルの子どもなどを生きたまま子どもたちに与え、狩りの練習をさせる。

それでも子どもたちは、ガゼルがエサだとわからないから、一緒に遊んでしまったりする。それでは困るから母親はガゼルにとどめを刺して食べ始める。ここまでして初めて、子どもたちはエサを狩るということを覚えていくのである。

まさに一から手取り足取りの徹底指導である。こうして、チーターは母から子へと生きるための知識と技術を伝えてきた。

ところが、こんなに周到に狩りの能力を鍛えているのに、それでもチーターの子どもの生存率は低いのだ。

どうしてなのだろう。

チーターは草食獣を追う能力を高めるために、体重を軽量化した。体もしなやかで走るのに適した体型と筋肉を手に入れた。その代わりに、ライオンやハイエナなどの他の肉食獣との戦いに弱くなってしまったのである。そのため、せっかく手に入れた獲物を他の肉食獣に奪われることも多い。それでも、走るスペシャリストとして進化を遂げたチーターは、それに抗《あらが》う術を知らない。みすみす奪われてしまうのだ。

獲物だけではない。チーターは愛する子どもさえも、他の肉食獣に奪われる。ライオンやハイエナ、ハゲタカなど血に飢えた猛獣たちが、か弱いチーターの子どもを獲物として狙うのだ。

無事に大人になることのできるチーターは、一〇～二〇頭に一頭と言われている。世界最速のハンターも、生きていくのは大変なのだ。

食うものも食われるものも必死で生きている。それが弱肉強食の世界なのである。

8……ブロブフィッシュ

世界一〝ブサイク〟な魚の深海での愛

世界一ブサイクな魚と言われている魚がいる。

ブロブフィッシュである。

ブロブフィッシュは、二〇一三年に英国の醜い動物保存協会という会が開催した「世界でもっとも醜い生き物コンテスト」で栄《は》えある一位に輝いた。

ブロブとは、ゼリー状のかたまりという意味である。

その名のとおり、ブロブフィッシュはプニュプニュとしたピンク色の肉のかたまりのような格好をしている。

そして、垂れ下がった太い唇《くちびる》と、ぺたんこにつぶれた鼻は、まさに「ブサイク」という形容にふさわしい。魚というよりは、はげ頭のおじさんにしか見えない風貌《ふうぼう》である。

はげ頭の入道《にゅうどう》の顔のように見えることから、日本語では、ニュウドウカジカと名づけられている。ニュウドウカジカは、実際にはカジカ科の魚ではないが、カジカによく似たウラナイカジカ科に分類されている。

それにしても、不思議なものである。

ブサイクでかわいいものを表現する「ブサカワ」という形容もある現代、このユーモラスな姿が「かわいい」と話題になり、今や、ぬいぐるみやゆるキャラになるほどの人気である。

これで、ブロブフィッシュも少しは浮かばれることだろう。

しかし、ブロブフィッシュの味わった屈辱は、こんなことでは払拭《ふっしょく》されることはないだろう。

何しろ、私たちが知るブロブフィッシュは、本当の姿ではない。

私たちが見ることのできるのは、あくまでも水揚げされた後の死に果てた姿なのである。

ブロブフィッシュは、深い海の底に棲《す》む深海魚である。そのため、私たちがブロブフィッシュの生きた姿を見る機会は少ない。

そもそもブロブフィッシュは、ピンク色をしているわけではない。生きているブロブフィッシュは黒褐色《こっかっしょく》である。体長は六〇センチほどで、その姿はナマズやオコゼに似ており、けっしてブサイクなわけではない。それなのに、どうして水揚げされると、醜い姿になってしまうのだろう。

ブロブフィッシュは、底引き網の中に混ざって、引き上げられることが多い。

底引き網というのは、重い網を海底に沈めて、網を引きずることによって魚を捕らえていく方法である。網に入った魚を一網打尽《いちもうだじん》にするので、商業的には効率のよい漁法ではあるが、目的とする魚種だけでなく、海の中に暮らすありとあらゆる大量の魚を根こそぎ網の中へ捕らえてしまうという問題もある。

その網の中に、ブロブフィッシュも捕らえ

られてしまうのである。

深海に棲むブロブフィッシュは、水圧に耐えるために分厚い肉のかたまりで覆われている。さらに、体の大部分を海水よりも比重の軽いゼラチン状の物質で構成することによって、海底近くで浮くための浮力を作り出しているのである。

ところが、底引き網の中で海底を引きずられているうちに、ブロブフィッシュのやわらかい皮膚は、裂けて、むかれてしまう。そして、やわらかな肉のかたまりがむき出しになってしまうのである。

西部劇などでは、ロープで結ばれて、馬で引きずるような拷問《ごうもん》が行われているが、まさにそんな仕打ちだ。当然、皮はむけてしまう。

そして、水圧のない陸上に水揚げされると、表皮を失ったやわらかな肉のかたまりが重力ですっかり垂れ下がる。こうして、あの醜い姿をさらけ出すのである。

その挙げ句、つけられた称号が「世界一醜い生き物」だというから、ひどい。

深海に棲むブロブフィッシュの生態は謎に包まれている。たまたま、海の中を引きずり回した網にかかったものが、船の上に水揚げされるだけで、いったい、どの場所で暮らしているのかも謎なのである。

ところが、である。ある深海探査船がカリフォルニア州南の沖合の深海でブロブフィッシュを発見した。そのブロブフィッシュは、太陽の光の届かない暗い闇の中で、じっと卵のかたわらに寄り添っていたという。その卵は、鮮やかなピンク色で、岩にきれいに産みつけられていた。そして、ブロブフィッシュは、卵にそっと寄り添うように岩の横に身を置いていたのである。

探査船が近づいても、ブロブフィッシュは逃げようともせず、じっと卵のそばを離れなかった。探査船から見ると、ブロブフィッシュのまわりには、卵を狙うタコなどの天敵も見つかったが、ブロブフィッシュの親は逃げることなく、ただただじっと卵を守り続けていたという。

昼も夜もわからないような暗い暗い海の底で、ブロブフィッシュは卵とともに長い時間を過ごしていたのだ。

ただ、じっと卵を守り続けるブロブフィッシュは、自分の身を守るために逃げることを知らない。

底引き網が海底の土を巻き上げる轟音《ごうおん》が聞こえても、ブロブフィッシュは逃げようとしなかったのかもしれない。底引き網が目の前まで迫っても、ブロブフィッシュは卵を守ろうとしたのかもしれない。そして、不幸なことに網の中に放り込まれてしまったのではないだろうか。

ブロブフィッシュは、こうして海の底から船の上へと引き揚げられた。

それが世界一醜いと評された生き物の正体なのである。

II……生き物と人

9……セミ

羽化をはばまれた夏

どうして、こんなところにいるのだろう。

そんな場所に、と思えるような場所にセミの抜け殻を見つけるときがある。たとえば、まわりに木がないようなコンクリートの塀にセミの抜け殻がある。

どこから歩いてきたのか。どんな思いでここにたどりついたのか。

セミは、夏の終わりになると木の幹に卵を産みつける。そして、翌年の梅雨の頃になると卵から孵化《ふか》をした一ミリか二ミリ足らずの小さな幼虫が、木の幹を降りて地面に潜るのである。それから、ずっとセミの幼虫は、外の世界を見ることなく、地面の下で過ごす。

土の中に暮らすセミの幼虫の生態はわかっていないことが多いが、土の中で木の根っこから栄養分を吸いながら六、七年もの歳月を過ごすのではないかと考えられている。生まれたばかりの赤ん坊が、小学生になるくらいの歳月だ。

セミの幼虫は地面の下に潜って何年も暮らし、ある年の夏に、満を持して大人になる。まだ暗いうちに地面の上に這《は》い出て木に登り、朝早くに羽化《うか》するのだ。

セミの幼虫にとって、地上は敵がいっぱいである。特にのろのろと歩いているセミの幼虫はかっこうの餌食《えじき》だ。そのため、天敵である鳥たちが活動をしない暗いうちに成虫になるのである。

ところが、セミの幼虫が土の中に潜ってから、あたりの風景は一変してしまうこともある。木々が切られてなくなってしまうこともある。土がコンクリートで埋められてしまうこともある。

やっとの思いで土の中から出てきても、羽化するための木が見つからないこともあるのだ。

探し回った挙げ句、あきらめて、アスファルトの道路の上で羽化しているセミの幼虫を見かけたこともある。

本当であれば、セミは木の幹にしがみついて羽化し、抜け殻につかまりながら羽を乾かすのである。水平方向で抜け殻の上に乗ることは、セミにとってはずいぶんと難しいことのように思える。抜け殻の上でバランスを保ちながら、羽を乾かすことも、命がけだ。たとえ、木ではなくても、コンクリートの壁や、金網のフェンスを見つけることができれば、垂直方向につかまり羽化をしたかったことだろう。

道路の上で羽化するなど、本当にやむにやまれぬ状況だったに違いない。

どれだけ歩き回ったのだろうか。道ばたの側溝《そっこう》に落ちてしまったセミの幼虫を見たこともある。

夏になると当たり前のようにセミが鳴き始める。短い命を惜しむかのように、一斉にセミは鳴く。しかし、無事に成虫になって鳴いているセミたちは幸せである。

長い幼虫の時期を経て、地面の上に這い出てきても、無事に成虫になれるとは限らないのだ。

どうして、ここまで来て……。

そう思えるセミを、ときどき見かける。もう羽化の途中である。古い体を脱ぎ捨て、上半身は、もう外に出ている。もうあと一息である。もうあと少しで、地上での生活を謳歌《おうか》するセミになることができる。そのときは、もうそこまで来ている。

それなのに、ここで力尽きてしまったのだ。最後の最後まで力を振り絞り、ここで命が尽きてしまったのだ。

羽化に失敗してしまったのだろうか。

せっかく成虫になったのに、羽のねじれたセミが、地面の上をうろうろとさまよっていることもある。彼は命が尽きるまで、歩き続けるのだろう。

世の中にはたくさんのセミがいるが、苦労して長い地中生活を終えたとしても、無事に成虫になることは簡単ではない。もちろん、鳥などに襲われて命を落とすものもたくさんいるのだろう。

いったい、どれだけの幼虫が無事に羽化を果たすことができるのだろうか。

セミの羽化の成功率は八割ほどであると言われている。二割のセミは、羽化に失敗しているのだ。

セミが成虫として羽ばたくことは、当たり前のことではない。

大人になるのは大変なことなのだ。

羽化に失敗し、大人になることなく死んでいくセミの幼虫たち。夏の日の朝、そんな姿を見るのはつらい。

その目が、こちらを見ているような気がする。何かを訴えているような気がする。

夏の朝陽が輝き出す。もう、セミたちは一斉に鳴いて騒がしい。
今日も暑くなりそうだ。

10……シラスとイワシ

大回遊の末にたどりついたどんぶり

詩人、金子《かねこ》みすゞの作品に「大漁」という詩がある。

朝焼小焼だ
大漁だ。
大羽鰮《おおばいわし》の
大漁だ。

浜はまつりの
ようだけど
海のなかでは

何万の
鰮のとむらい
するだろう。

『金子みすゞ全集』


大羽いわしというのは、二〇センチ程度の大型のマイワシのことである。

イワシは大量に獲《と》れる魚である。そのため、値段は安く、大衆魚の代表的な存在である。

江戸時代には、大量に獲っては、油を搾ったり、肥料にしたりしていた。食用にもならないような雑魚だったのである。

このイワシの子どもがシラスである。

イワシの寿命はよくわかっていないが、二〜三年から、五〜六年であるとされている。イワシは、およそ一年で成魚になるが、生まれて一〜二か月のものがシラスと呼ばれている。

小さなシラスは、イワシよりも、もっと大量に獲れる。

熱々の白いご飯に、山盛りのシラスをかけたシラス丼は、何とも言えないおいしさだ。

この一杯のどんぶりには、いったい、どれくらいのシラスが載っていることだろう。箸でひとつまみしただけでも、ざっと一〇〇匹のシラスがいる。大量のシラスの命がそこにある。いや、そこにあるのは、たくさんの死だ。

シラスにしてみれば、シラス丼は、恐ろしい屍《しかばね》の山だ。シラスにとっては、まるで大量虐殺《ぎゃくさつ》である。まさに、「鰮のとむらいするだろう」である。

しかし、私たちはシラス丼を食べないわけにはいかない。急にシラスがかわいそうになって、シラス丼を食べないことはできるかもしれないが、私たちは命を食べないわけにはいかない。

シラス丼のシラスの下に敷き詰められたご飯だって、イネの種だ。イネの命をいただいているのだ。

人間は罪深い存在である。

いや、人間だけではない。

このシラスだって、水揚げされるまでは、たくさんのプランクトンを食べてきた。たくさんのプランクトンの命の犠牲の上に一匹のシラスがいるのだ。

そして、今度は人間がこのシラスの命をいただいていく。

生きるということは、他の生物の命をいただくことだ。そして、他の生物を殺すことだ。だから、私たちは、食べ物を大切に食べなければならないのだ。

たくさんのシラスに無造作に醬油《しょうゆ》をかけられ、シラスたちは口の中にほおばられていく。やがてシラスは私たちの血となり骨となる。私たちはシラスの命をいただく。そして、シラスの分まで生きるのだ。

大切に生きることが、シラスにとって、せめてもの弔《とむら》いとなるのだろう。

しかし、口の中に入って食べられたシラスは幸せな方だ。かき込まれなかったシラスは、どんぶりの縁《ふち》についたまましまいである。死んでしまったシラスにとっては、食べられても食べられなくても同じことかもしれないが、どうせ死ぬのであれば、食べられたいと思っているのではないか。どんぶりのあちらこちらに、行き場のないシラスの残骸《ざんがい》が張りついて、無念さが伝わってくる。

もちろんシラスたちは、こうして人間に食べられるためにこの世に生を受けたわけではない。

イワシの群れは、冬頃から春頃にかけて西日本の太平洋岸で産卵する。この卵が黒潮に乗って北上しながら、稚魚《ちぎょ》に成長していく。これがシラスである。そのシラスの群れはさらに北上して夏頃に東北の太平洋岸で成魚になり、秋から冬にかけて南下してくるのである。

こうしてイワシは、

冬の間を温かい海で過ごし、夏の間は冷たい海で過ごす。小さな魚であるが、日本列島を縦断するように大回遊するのである。

こうした回遊を繰り返しながら、イワシは生きている。

イワシが天寿を全《まっと》うするのは簡単ではない。

何しろ、イワシは天敵が多い。さまざまな魚たちがイワシをエサにするために襲いかかる。

想像してみてほしい。「食われる恐怖」とはどのようなものなのか。

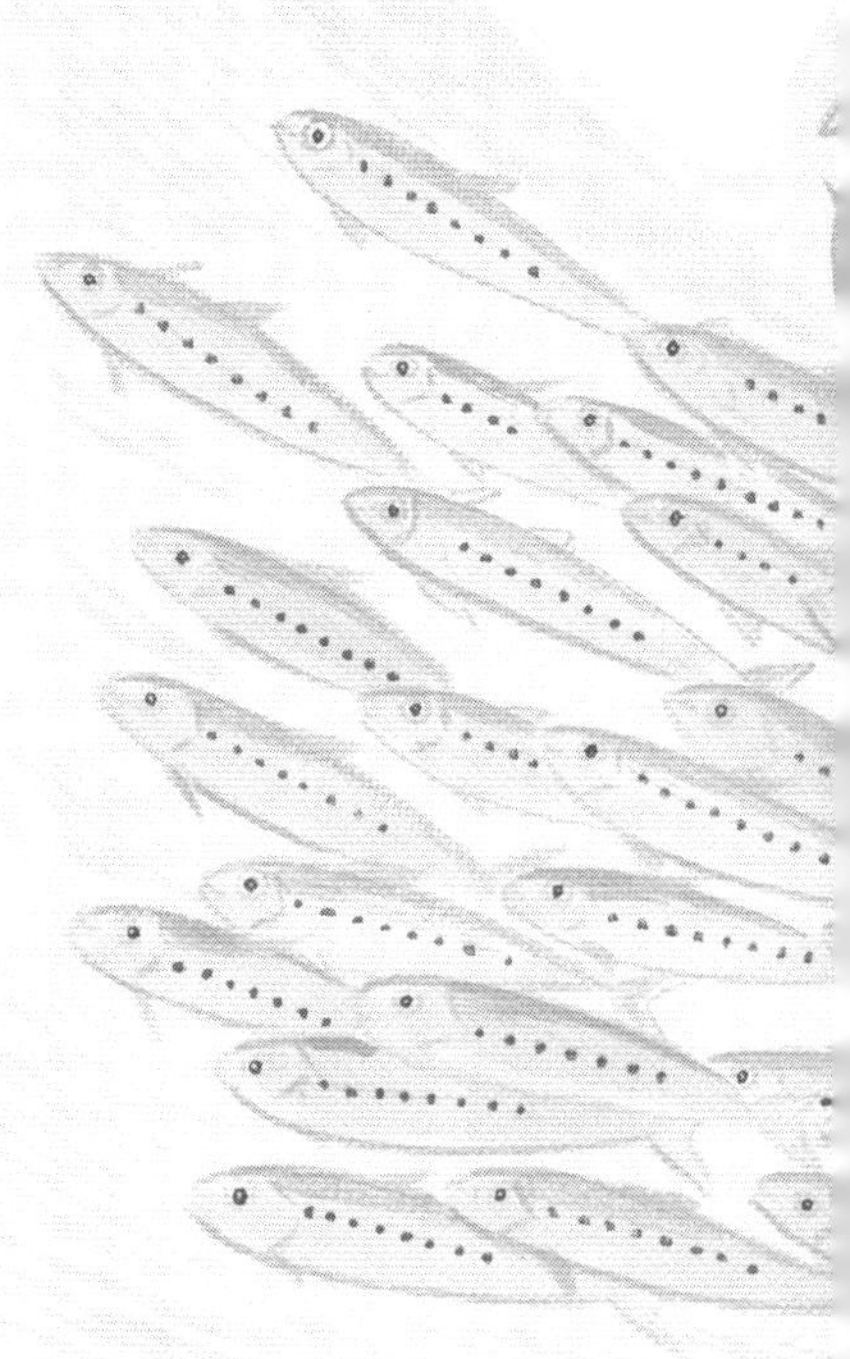

あなたが、もし、イワシだったとしたら、食われる恐怖からどのように逃れるだろうか。

イワシの泳ぐ大海原《おおうなばら》には隠れるような場所はない。

そこで、イワシたちがとる手段は「群れること」である。たった一匹で海原を泳ぐのは危険すぎる。仲間といれば、どんなに心強いだろう。

もちろん、どんなに集まってもイワシが弱い魚であることに変わりはない。集まったからといって力を合わせて戦えるものでもないし、ヒーローのようなイワシが現れてみんなを守ってくれるわけでもない。集まれば、天敵の魚に狙われやすいだけのような気もする。

しかし、群れることに意味はある。

天敵の攻撃を防ぐことはできないが、群れていれば自分が食べられる確率は低くなる。群れからはぐれずに群れの内側にいれば、外側から食べられていくことだろう。大型魚もイワシを食べ尽くすことはできないから、全滅することはない。

また、大勢で動き回っていれば、天敵も一匹のイワシの存在をとらえにくくなる。的を絞らせないことで一匹一匹が襲われにくくなるのだ。

そのため、イワシたちは寄り添うように群れて泳ぐ。敵に襲われると、一匹一匹の距離をさらに近づける。そして、まるで一つの球のようになって泳ぐのである。これが「イワシの球」である。そして、敵に襲われれば、群れはまるで巨大な生き物のようにうねりながら、敵の攻撃をかわしていく。これが水族館などでも見られる「イワシのトルネード」である。

そして、命からがらに生きている。これがイワシたちの日常である。

想像してみてほしい。

いつ襲われるかわからない。いつ食べられるかわからない。常に誰かに襲われて食べられるかもしれないという恐怖。そんな恐怖の中でイワシは生きている。

明日はないかもしれない。明日はいないかもしれない。

生きていくというのは、そういうことなのだ。

11……ウナギ

南方から日本へ向かう三〇〇〇キロの旅の果て

ウナギの一生は謎に包まれている。

ウナギは、日本の川にふつうに見られるが、長年どこで卵を産んでいるのかさえわからなかった。

産卵場所について明らかにされてきたのは、二一世紀になってからのことである。川魚として知られるウナギであるが、その産卵場所は海である。驚くことに、ウナギの産卵場所は、日本から南へ三〇〇〇キロも離れたマリアナ諸島沖の深海であることがわかったのである。日本最南端の小笠原諸島からさらに二〇〇〇キロも南の地点だ。

日本のウナギがたどりつくマリアナ諸島沖とは、いったいどのような場所なのだろうか。深い海の中は、どのような光景が広がっているのだろうか。狭い日本に住む私たちには、想像することさえできない。

日本のウナギは受精をして卵を産むために、途方もない壮大な地球の旅をしていたのである。

ちなみに日本に生息するニホンウナギに対して、ヨーロッパにはヨーロッパウナギが分布している。ヨーロッパウナギは、大西洋の真ん中のサルガッソー海と呼ばれる海域に産卵する。どうして、大西洋の真ん中に産卵するのかは謎である。一説には、かつて海中に没したとされる伝説のアトランティス大陸がもともとの産卵地で、その場所を求めて回遊するのではないかとも言われている。

それでは、マリアナ諸島沖の深海で卵を産み終えたニホンウナギたちはどうなるのだろう。

遠い海の底で起こっている出来事は私たちには知るよしもない。ただ、魚の中には卵を残した後、自らの命が尽きていくものが多い。たとえば、サケはふるさとの川をさかのぼり、川の上流で受精した後に、力尽き、死んでゆく。

おそらく、産卵を成し遂げたウナギたちも、同じ運命にあるのだろう。

生物にとって、次の世代を残すことが最大の使命である。そのためにウナギは過酷な旅をするのだ。産卵を成し遂げたウナギたちは、どれもが満ち足りた気持ちで死んでいくことだろう。

これがウナギのあるべき最期である。

卵から孵《かえ》ったばかりのウナギは、レプトセファルスと呼ばれる稚魚《ちぎょ》となる。レプトセファルスは、体長は一〇ミリメートル、柳の葉のようにぺらぺらに平たくて細長く、透明な姿をしていて、ウナギとは似ても似つかない。

この小さな幼体が、黒潮にのって五か月もの時をかけて三〇〇〇キロの距離を旅してくるのだ。日本の岸に近づくのは、一〇月から六月頃のことである。

ウナギの稚魚の旅は、謎に包まれている。

もちろん、危険に満ちた旅なのだろう。嵐の日もあったろう。常に天敵の魚たちに狙われる日々だったことだろう。多

くの仲間たちが命を落としていく。たくさんいた仲間もやっと日本にたどりつく頃には、ずいぶんと数が減ってしまっている。

こうして危険な旅を終えて生き残った幸運なものたちだけが、ようやく日本にたどりつくのである。

日本にたどりつく頃、レプトセファルスは、シラスウナギと呼ばれる形に姿を変えている。シラスウナギは、全長五～六センチ、白っぽくて透明なシラスのような形をした小さなウナギの幼魚である。

このシラスウナギは日本の川をさかのぼる。そして、ゆっくりゆっくりと時間をかけて大きく育っていくのだ。ウナギ

は成長するのに五年から一〇年以上もの歳月を費やすと言われている。

そして、成長すると川を下り、はるか彼方《かなた》にあるマリアナ諸島沖を目指すのである。

うなぎは養殖が盛んに行われているが、地球規模で大移動するような壮大な生涯を再現することはできない。そこで、河口に集まってきたシラスウナギを捕獲する。

このシラスウナギを養殖するのである。

ウナギはいまだ完全養殖が実現していない。

現在、日本で食べられているウナギの九九・七%が養殖されたウナギである。「養殖ウナギ」と言われてはいるが、人間にできるのは、ただ、それだけのことである。

そのウナギが、目打ちされて、さばかれて、開かれて、炭焼きにされる。

それが私が土用《どよう》の丑《うし》の日に食べた、うな重だったのだろう。そして、これが大冒険の末に日本にたどりついたウナギの最期だったのである。

12……ホタル

ある夏の「こぼれ蛍」の孤独

「あっ、ホタルがいる」

ある夏休みの夜のこと、子どもの声にうながされて空を見上げると、一匹のゲンジボタルが光りながら舞っている。

ただ、一匹のホタルである。

それは、私の祖父母の家に遊びに行ったときのことである。東海地域のゲンジボタルの見頃は、六月頃である。どうして、こんな季節にいるのだろう。

夏休みのその日は、ホタルが舞うには、少し遅いようだ。

そもそも、ホタルは時期をそろえて羽化《うか》する性質がある。こうして、一斉に羽化することで天敵が食べ切れない状態を作りながら、効率よくパートナーを探して交尾をするのである。

羽化する時期を間違えたのか、季節外れのホタルは「こぼれ蛍」と呼ばれる。

ホタルが幻想的に光るのは、オスがメスにプロポーズをするためである。ホタルが舞う夜は、ホタルたちにとっても恋の花が咲くロマンチックな夜なのである。しかし、ホタルの光信号は光ったり消えたりと点滅するだけの単純なものである。何より暗闇で点滅しているだけでは、どれがオスで、どれがメスかもわからない。

そこでゲンジボタルのオスは、群れを作って飛びながら、しだいに発光の瞬間を同調させて、一斉に点滅を繰り返すようになる。これに対してメスの発光はオスとは同調しない。そのため、オスが足並みをそろえて一斉に光を消したときに光を放っているのがメスということになる。こうしてオスは草の上にいるメスを見つけるのである。

メスを見つけたオスは、メスにアプローチを仕掛けるためにメスを目がけて降りてくる。このようすが「火垂れる」と呼ばれるようになり、この言葉が「火垂る（ホタル）」の語源となったとされている。

そして、メスの近くに降り立ったオスはメスに近づくと、瞬《また》くように発光する。もしメスが受け入れるようであれば、メスも発光頻度《ひんど》を高めて、オスとメスとは発光の瞬間

を同調させていく。こうして、オスとメスは結ばれるのである。

しかし、こぼれ蛍の彼は、もはやメスと出会うチャンスはないだろう。

こぼれ蛍は、孤独な存在なのだ。


それにしても、このホタルは、どうしてこんなところにいるのだろう。季節外れも不思議だったが、町外れのその場所は、確かに田んぼは所々には見られるものの、住宅地も広がり、街灯が夜の闇を明るく照らしている。ホタルを見るのにふさわしいような場所には思えない。

かつてホタルは、日本の夏の風物詩であった。

しかし、今ではホタルが見られる風景は、すっかり珍しいものになってしまった。

「ホタルがいなくなった」と人は言う。

しかし、「いなくなった」とはどういうことなのだろう。どこかに難を逃れたわけではない。手品で鮮やかに消えてしまったわけでもない。

環境の変化が彼らを襲った。その中でも、彼らは生きようとしていた。生き残ろうとした。生き残る道を探し続け、もがきにもがいた結果、みんな、死んでいったのである。

きれいな川に棲《す》むとされるホタルだが、それは農薬や洗剤に汚染されていない川という意味である。実際には、深山幽谷《しんざんゆうこく》の清流にはホタルは棲まない。ホタルが棲むのは、田んぼや小川のまわりなど、プランクトンや植物などの適度に栄養分が含まれた人の暮らしに近い環境である。ホタルは私たち人間とともに暮らしてきた生物なのだ。

そのため、水が汚れたり、川が埋め立てられたりすれば、たちまち棲み処《か》を奪われてしまう。

また、ホタルにとって致命的な環境の変化に、護岸《ごがん》工事がある。

ホタルは夏から翌年の春頃までの幼虫時代を水の中で過ごしたのち、五月頃に岸に上り、土の中に潜ってさなぎになる。そして、さなぎから羽化をして空へ飛び立つのである。

この川岸にある土手という環境が、最近ではほとんど見られなくなってしまった。ホタルの幼虫が棲むような小川は、岸をコンクリートで固められてしまう。せっかく幼虫が生息できるような水環境があったとしても、土の中でさなぎになることができないのだ。

こうして私たちの身の回りからホタルはいなくなってしまったのだ。

こぼれ蛍を見つけたこのあたりも、昔は一面に田んぼが広がっていたことだろう。ホタルの大乱舞《らんぶ》が見られたのかもしれない。しかし、今ではホタルは珍しいものになってしまった。

それなのに、私の目の前には季節外れのホタルが光を発している。

本当にひとりぼっちのホタルなのだろうか。

静かな闇が、ホタルを包むと、それを押しのけるように、ホタルは光を発する。ホタルが光る度に、ホタルの暗い影が映し出される。しばらく観察したが、ずっとその繰り返し。

このこぼれ蛍は、本当にひとりぼっちなのだ。

「あっ」

一瞬の子どもの声が静寂《せいじゃく》を壊すと、その声に呼応《こおう》してか、ホタルはホーッと力なく飛び去った。そして、闇の中をさまようようにふらふらとどこかへ飛んでいき、かすかな光が消えた。

このホタルは、どこへ飛んでゆくのだろう。

仲間と出会うことはできるだろうか。メスに巡り合うことはできるだろうか。

どんなに光を灯しても、おそらく、このホタルが仲間と出会うことはないだろう。


このホタルはどこへ飛んでいくのだろう。

もし、私がこのホタルだとしたら、どんな思いでこの暗闇を飛んでいくのだろう。


すべての生物は、生まれながらにして孤独である。

すべての生物は、孤独に生まれてきて、孤独に死んでいく。生まれるときも、死ぬときも、孤独な存在なのだ。

スウェーデンの精神科医アクセル・ムンテは、「死は孤独だが、生きているほど孤独ではない」と言った。生きていることも、また孤独である。いや、生きていることこそ孤独なのだとアクセル・ムンテは言うのだ。私たちもまた孤独である。多くの人間の中にいるからこそ、孤独を感じるときもある。

こぼれ蛍は、仲間のホタルを知らない。他のホタルを見ることのないまま死んでいく。

彼にとって、生涯とはいったい何だったのだろうか。

それは彼にとって不幸なことなのだろうか。それとも……。

孤独な存在として、孤独なままに闇の中に消えていく。そのかすかな光こそが、生きることの確かさのすべてであるようにさえ、私には思えた。

13……ゴキブリ

不死身の「生きた化石」

スーパーヒーローはさまざまな能力を持つ。

「弾よりも速く、力は機関車よりも強く、高いビルもひとっ飛び」

かつて無敵のヒーロー、スーパーマンの高い能力はこう評されていた。

彼がもし人間の大きさだったとしたら、時速三〇〇キロメートルで走ることができる。もちろん、スーパーマンのように空を飛ぶこともできる。

このヒーローの名はゴキブリである。

よく知られているように、ゴキブリは三億年以上も前の古《こ》生代《せいだい》から、今とほとんど変わらない姿で存在していた「生きた化石」である。ゴキブリは、恐竜よりも古くから地球上に存在し、恐竜を絶滅させた地球環境の変動も乗り越えて生き抜いてきたのだ。

ゴキブリがこの世に登場した、ずっと後に人類が地球に現れる。人類の住居は、棲《す》み処《か》としていたゴキブリにとって、暖かくてエサが豊富な森を棲み処としていたゴキブリにとって、すみやすい場所だったようだ。新石器時代や縄文時代には、すでに人類とともにゴキブリは暮らしていたという。そして、現代人の住宅にも、ゴキブリは変わらず住み続けているのである。

ゴキブリの寿命は短い。わずか半年から一年ほどの生涯である。ところが、その短い間に、何度も何度も卵を産む。日本の代表的なゴキブリであるクロゴキブリは、一度の産卵で、二〇～三〇個もの卵を産み、一生の間に、一五～二〇回も卵を産むと言われているから、すごい。ゴキブリのメスは一度の交尾で、大量の精子を体内にため込んで、次々に受精させて、卵を産むことができる。こうして、ゴキブリは次々に増えていくのだ。

長年、人間から逃げ続けてきたゴキブリは、手強《てごわ》い。

スリッパで叩こうとしても、いち早く危険を察知して逃げてしまう。

ゴキブリのお尻には、細かい毛が無数に生えた尾葉《びよう》と呼ばれる感覚器官が伸びている。この尾葉で、わずかな気流の変化を感じ取ることができるのである。

人間などの脊椎《せきつい》動物は、ホストコンピューターのような一つの脳に情報を集め、脳が情報処理をしてから、脳の指示によって行動するというシステムを進化させている。ところが、昆虫は、こんなわずらわしいシステムを選択しなかった。

すべての昆虫は、複数の小さな脳や神経中枢《ちゅうすう》を体の節目に分散させて、体の各部位が条件反射的に反応できるようになっている。そのため、危険に対して極めて敏速に行動できるのだ。

不気味なことにスリッパで叩かれて頭が完全になくなっても、ゴキブリは残った胴体だけで逃げていく。これも、体を動かす命令系統が分散しているから可能なのである。

もちろん頭部のなくなったゴキブリが長く生きることはできない。人間と違い、頭がなくても生きていくことはできるのだが、エサを食べることができないのだ。恐るべきことに、頭部を失ったゴキブリの死因は、餓死《がし》である。

飢えることさえなければ、頭がなくても生きていくのだ。

もはやスーパーヒーローというよりは、不死身のモンスターである。

彼は不死身である、はずだった。

ところが、ふと気が緩んだのだろうか。軽やかに走っていた足が、粘着性の罠《わな》に取られていた。

「罠だ」

気づいたときは、遅い。彼の足には粘着シートがまとわりついていた。

身動きがとれない。動こうとすれば、別の足も取られてしまう。もがけばもがくほど、ネバネバとまとわりつく。抜け出すどころか、触角の一部や尾毛の一部もつかまってしまったようだ。

彼は簡単には死なない。

食べ物を食べなくても、数週間は生きていけるはずだ。

身動きがとれないまま、彼は生還のチ

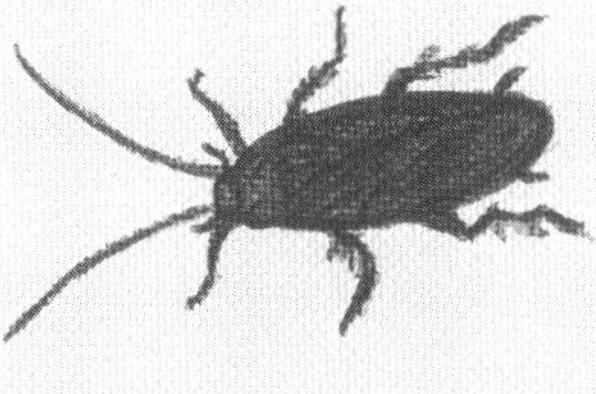

ャンスをうかがう。もし、映画であれば、ピンチを切り抜ける大逆転のチャンスが必ず訪れるはずだ。

しかし、このゴキブリにそんなチャンスは訪れない。

動こうとすればするほど、粘着性のある罠に体がくっついていく。

それでも彼は簡単には死なない。生命力の強いゴキブリは、簡単に死ぬことができないのだ。

もがきながら、もがきながら、彼の力は尽きてゆく。そして、ついには動かなくなってしまった。

おそらくは、それが置き忘れていたごきぶりホイホイにかかっていた、一匹のゴキブリの物語である。

14……ウシ

最後は必ず肉になる経済動物

長い長い行列が続いている。

左右を柵《さく》で狭まれた中に、彼女たちは一列に並ばされる。そして、順番に列を進んでいくのだ。

この行列の先に待ち受けているのは、「死」なのである。

行列の先では、機械の音が不気味に響いている。

彼女はメスの牛である。

彼女には、人間たちから「未経産牛《みけいさんぎゅう》」という最高級の称号が与えられている。

一列に並べられた未経産牛たちは、一頭、一頭と前へ進んでいく。

ここは食肉処理場である。
この行列のその先で……一つ一つ命が失われているのだ。

そして、ついに彼女の番がきた。

列の先頭では、ウシの眉間《みけん》に電気のショットガンを打つ。そして、気絶したウシを逆さ吊りにし、喉《のど》を切り裂いて殺すのである。

ショットガンで気絶させることができずに、逆さ吊りにされて暴れる牛もいる。また、喉を切り裂いたときに意識を取り戻し、断末魔の叫びを上げるウシもいる。

しかし、食肉処理場は流れ作業である。

予定どおりいかずに、暴れたりわめいたりするウシがあっても、機械は止まることなく、何事もなかったように動いていく。

そして死の行列は、肉の行列となって工場の中を進んでゆくのだ。

未経産牛は、出産を経験していないメス牛のことである。未経産牛は肉質がよいとされ、日本の牛肉市場では特に好まれる。現在、私たちが食べる牛肉のほとんどは、この未経産牛である。和牛の場合は、未経産牛は二八か月から三〇か月飼育されて出荷される。つまり、二歳くらいの若いメス牛である。

これに対して、子どもを産んだメスは経産牛と呼ばれる。

牛肉はオスよりも、メスの方がやわらかくておいしいと言われている。

しかし、生まれてくる子牛の半分はオスである。オスは成長すると肉が硬くなるので、生まれて半年ほど経つと去勢《きょせい》されて、肥育される。そして、およそ二八か月で出荷されるのだ。「去勢牛」というのが、彼らに与えられた称号である。

一方、メスは未経産牛が好まれるものの、子を産み牛を増やす役割を与えられるメスもある。メスの牛は、生まれて一五か月ほどで最初の受精が可能になる。牛の受精は人工授精で、優秀なオスから採取した精子を注入するやり方だ。

牛は妊娠期間が約二八〇日と長い。そして、子どもを産んだ母牛は六か月ほど、母乳で子どもを育てる。妊娠と育児で一年強を要するのだ。

子牛が離乳する頃になると、再び次の人工授精が行われる。牛は基本的に一回のお産で一頭の子牛しか産まない。つまり、一年強で一頭ずつ子牛を産んでいくことになる。

こんな生活を七年から一〇年ほど送ると、もう役に立たないからと、やはり肉になる。これが経産牛の肉である。
ただ、彼女たちは年老いているので、「老廃牛」という不名誉な称号が与えられている。廃棄処分ということなのだ。

飼育されている和牛は二〇年ほどの寿命があるとされている。しかも、動物は閉経することなく、死ぬまで繁殖する能力を持つから、彼女たちは、子どもを産めないわけではないし、老廃牛と呼ばれるほどの年寄りではない。しかし、人工授精の受胎率が下がれば、繁殖効率が悪くなる。経済動物である彼女たちに求められる

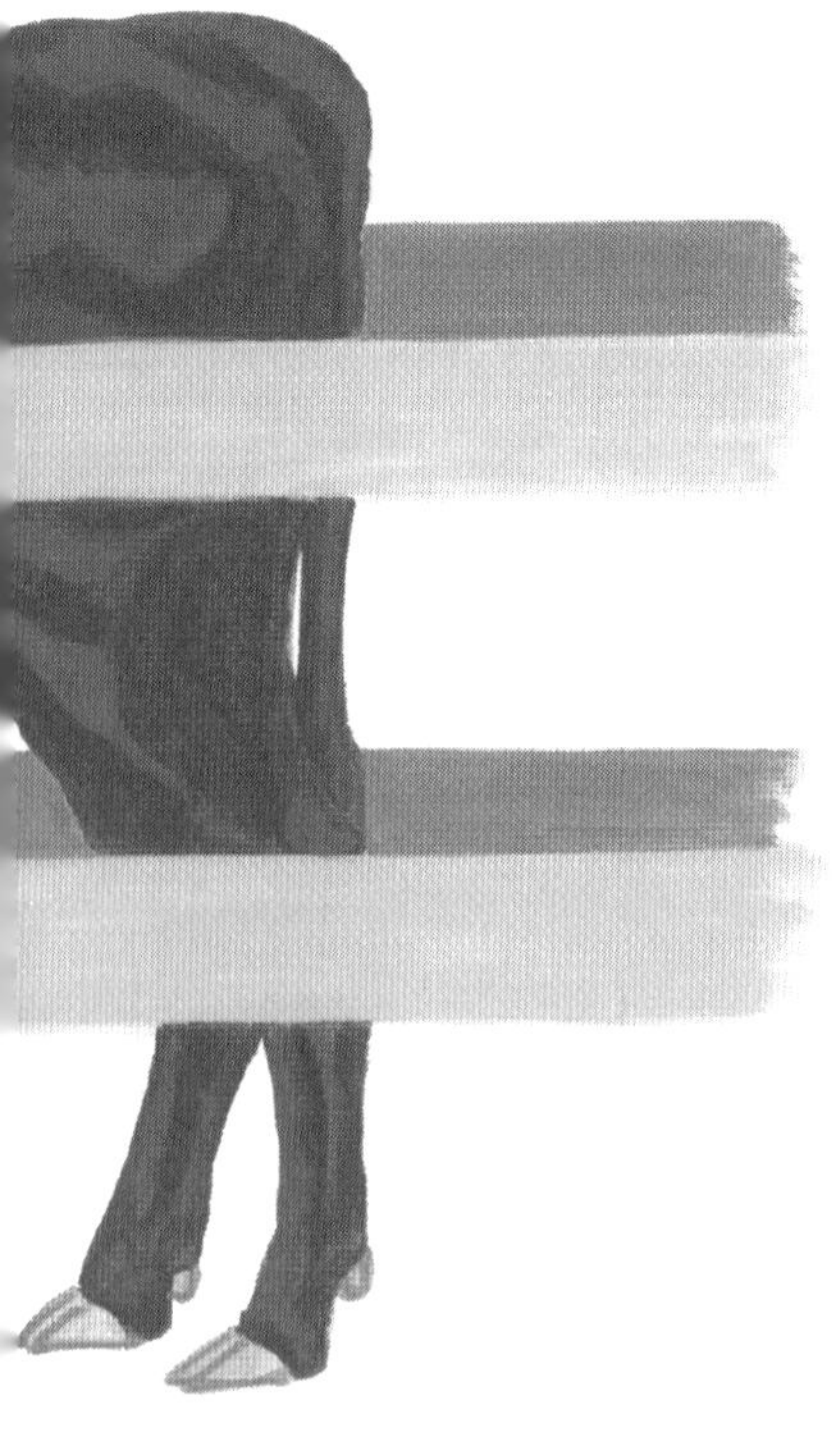

のは「効率」なのだ。

牛は、ニワトリのように次々と卵を産んだり、ブタのように一回の出産でたくさんの子豚を産むようなことはない。極めて繁殖効率の悪い動物なのだ。いかにして繁殖効率を上げるかが肉牛生産の課題である。

また、ウシの中には肉を取るために改良された肉用牛とは別に、牛乳を搾るために改良された乳用牛がある。ウシが出す乳は子牛のための母乳だから、牛乳を

搾ることができるのは、メス牛だけである。そのため、乳用牛のオスは、生まれながらにして、肉用に肥育される。一方、乳用牛のメスは、歳をとって乳の量が減ってくれば、やはり老廃牛として処分される。ただし、乳用牛のメスは肉質がよくない。そのため、「乳廃牛」と区別して呼ばれることもある。

どんなウシに生まれても、いずれの性別に生まれても、結局、最後には肉になるのだ。

ウシは草食動物である。

しかし、肉生産や乳生産を求められるウシたちが、草地で草を食《は》む機会はない。運動をすれば、せっかくついた肉が落ちてしまうし、草を食べれば、肉の脂分は少なくなり、牛乳も濃厚さを失ってしまう。そのため、ウシたちは牛舎の中でほとんど運動することはなく、トウモロコシなどの高カロリーなエサを食べさせられ続ける。

それがウシたちの生活である。

ウシは経済動物と呼ばれている。

経済活動として飼育されるウシたちに求められるものは、経済的効率と利益だ。効率よく生まれ、効率よく育ち、効率よく死ぬことで、経済的利益を生んでいく。これが経済動物であるウシに求められるすべてなのだ。

ウシは、人間にとっては、殺されるために生まれてきた動物なのである。

もっとも、殺されゆくウシたちを憐《あわ》れめばよいという問題ではないだろう。愛情を込めてウシを育てている人たちがいる。ウシを運び、ウシを殺す仕事を生業としている人たちもいる。

経済動物と呼ばれる動物たちの命と日々向き合っている人たちがいて、そのおかげで、私たちは何も考えずに、牛肉を食べているのだ。そして、サシがどうだとか、赤身がどうだとか、おいしいのまずいのと能書きを言いながら生きているのだ。

しかし、食べられゆく牛は、まだ幸せである。

「もったいない」という言葉を持つこの国の食品ロスは、年間六〇〇万トン、一日に一〇トントラック一七〇〇倍もの食品が廃棄されている。

その中には、大量の肉や魚なども含まれる。

だから残さずに食べなさい、というほど単純な話ではない。売れ残ったたくさんの肉や魚が、捨てられていく。売れ残った弁当や、食べ残しが大量に捨てられていく。

食べられることもなく、たくさんの命が捨てられているのだ。

あの食肉処理場にいたメス牛の肉はどうなったことだろう。

メス牛は、四〇〇キログラムあまりの枝肉《えだにく》となる。肉は鮮度が重要な商品である。肉は賞味期限の短い食品である。

今日も大量の肉が、食べられることなく廃棄処分とされてしまった。

彼女は食べられるために生まれてきた。それでも、食べられることのない命がある。

そうだとすれば、彼女は、いったい何のためにに生まれてきたのだろうか。

15……ヒョウ

剝製となった動物たちの悲しみ

毎年、八月になると大阪の天王寺《てんのうじ》動物園では、たくさんの剝製《はくせい》が並べられた企画展が開催される。

ライオンの剝製もある。トラの剝製もある。シロクマの剝製もある。

並べられた剝製たちは、どこか悲しげに見える。なぜか、遠くを見ているように見える。

この企画展の名前は、「戦時中の動物園」である。そして、並べられた剝製たちは、すべて昭和の戦争中に人間の手によって殺された動物園の動物たちなのである。

日本で最初の動物園である上野動物園が開園したのは、明治一五年（一八八二年）のことである。

次いで、明治三六年（一九〇三年）には京都市動物園、大正四年（一九一五年）には大阪の天王寺動物園が開園した。

明治時代以降に日本が近代化し、海外との交流が盛んになる中で、動物たちは交流の証《あかし》しの親善大使として、日本に送られてきた。そして、子どもたちの人気者になっていったのである。

ところが、である。

あの忌《い》まわしい戦争が始まった。

戦争中の動物園の悲しい物語としては、上野動物園を舞台にした、児童文学作家、土《つち》家由岐雄《やゆきお》の童話「かわいそうなぞう」が有名だろう。

戦争が激化する中で、空襲を受けたときに動物たちが逃げ出す危険性が指摘され、猛獣たちを殺処分する命令が出された。そして、ゾウやライオン、クマ、ワニなど多くの動物たちが、次々に殺されていったのである。

野生の動物ではない。飼い慣らされ、親しまれてきた動物たちである。

しかし、猛獣は猛獣である。人間の命を守るためには、彼らを殺さなければならない。命に順番はない。

しかし、上野動物園では、殺しやすいという理由で最初にクマが銃殺された。

もっとも、銃殺されたクマは、まだ幸せだったのかもしれない。

その後、戦争に必要な弾丸を動物に使うことは望ましくないとされて、もっと悲惨なさまざまな方法で動物たちは殺されていったのである。

あるものは、毒薬を飲まされ、もがきながら、苦しみながら死んでいった。

しかし、動物の中には、毒の入ったエサを食べようとしないものも多かった。また、致死量もわからないので、毒に苦しみながらも生きながらえる動物もいた。

それらの動物の処理方法が絞殺《こうさつ》である。

生きながらえたホッキョクグマやクロヒョウなどの動物たちは、首にロープをかけられ、大勢の大人たちにロープを絞められた。

こうして、たくさんの動物たちが死んでいった。

なかなか殺すことのできなかったゾウのワンリー（花子）とトンキーは餓死《がし》させられることになった。ワンリーとトンキーは、飼育員の姿を見ると、衰弱した体を寄せ合って立ち上がり、芸を始めた。
土家由岐雄の「かわいそうなぞう」は書く。

　しなびきった、からだぢゅうの力をふりしぼって、よろけながらいっしょうけんめいです。げいとうをすれば、もとのように、えさがもらえると思ったのでしょう。

上野動物園の取り組みは、全国各地の動物園でも広がっていった。
上野動物園から半月ほど遅れて、大阪の天王寺動物園でも処分が始まり、たくさんの動物た

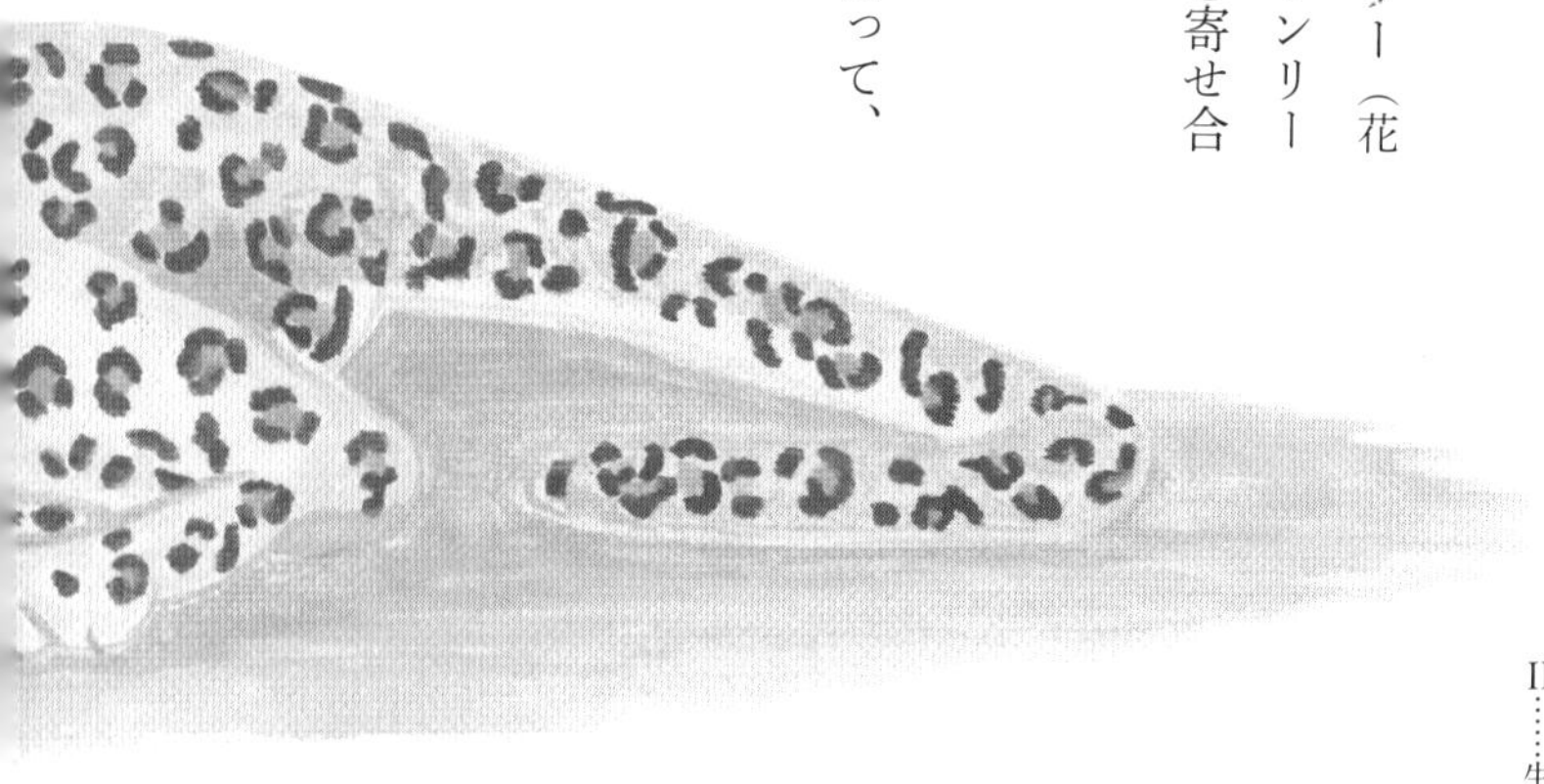

ちが次々に殺されていった。

最後に残ったのは、ヒョウ一頭とホッキョクグマ一頭だった。

大阪天王寺動物園のヒョウは、人工哺育《ほいく》で育てられ、飼育員がおりに入っても一緒に遊ぶことができるほどなついていたという。

後に子ども向けに書かれた新聞記事には、ヒョウの飼育員の話が残されている。

「なかなかりこうなやつでした。毒入りの肉を三回食べさせたのですが、すぐ吐き出してしまい

ました。しかたなく、絞め殺すことになったんです。

私がロープを持ってオリに入りました。いつものように体をなでてやると、喜んでいました。私は心を鬼にしてロープを首にかけたんです」

別の記事によると、飼育員が首にロープをかけるときも、ヒョウはなついたようすでキョトンとしていたという。

飼育員の方は語る。

「オリの外でロープのはしを持っている人に合図すると、私はオリから飛び出しました。むごいことです。私は見たくなかったんです」

苦しかったのだろうか。悔しかったのだろうか。飼育員の方がおりに戻ると、ヒョウはすべての爪を立てて息絶えていたという。

そして、このヒョウは剝製として残された。

このヒョウの目は、いったい何を見つめているのだろう。

物資の不足している中で剝製を作り上げた人は、後世にいったい何を残したかったのだろう。

猛獣は、生き物を殺して食べるが、戦争はしない。

動物園の動物たちは愛されていた。そして、動物を愛していた人が、動物を殺した。

それが戦争なのである。

16……渡り鳥

バード・ストライクの恐怖

空港というのはテクノロジーのかたまりだ。

高度な通信システムと、レーダー観測により、飛行中の航空機の位置を正確に把握する。

天候のせいで視界が悪いときには、着陸する飛行機に対して精密な三次元情報を送り、着陸するまでナビゲートする。

そして、航空機もまたハイテクのかたまりである。

機体は宇宙ロケットでも用いられるような軽くて丈夫な炭素繊維《せんい》が用いられ、さまざまな電子機械が搭載されて、操作も自動化されている。

まさに精密なシステムによって、安全な空の旅が実現しているのだ。

そんな空港と航空機にとって迷惑な大敵がいる。

バード・ストライクである。

バード・ストライクとは、鳥が飛行機などに衝突する事故のことである。日本だけでも年間一五〇〇件ものバード・ストライクが報告されているというから、けっして特別な事故ではない。

バード・ストライクの中でも、飛行機の主翼や垂直尾翼《びよく》についたジェットエンジンに鳥が吸い込まれる事故は危険が大きい。

ジェットエンジンは、前方から空気を吸い込み、その空気を加圧して燃焼させることによって高圧なガスを後方から吹き出す。この力によってジェット機は高速で進むことができるのである。ジェットエンジンは、大量の空気を吸い込むので、その空気の流れに鳥が巻き込まれてしまうのだ。バード・ストライクは、離陸直後や着陸動作中の鳥の群れが飛んでいる低い高度のときに起こりやすい。

もし、この空気吸入口に鳥が吸い込まれると、運が悪ければたった一羽の飛び込みでエンジンが損傷して停止してしまう恐れもある。小さな鳥と侮《あなど》るなかれ、バード・ストライクは、飛行機を墜落させることもあるほどの、深刻な事故なのだ。

航空機のエンジン開発では、バード・ストライクのダメージをいかに小さくするかが、重要な課題となっており、さまざまな対応が行われている。そんな航空機であっても、渡り鳥の群れに出くわせば、大変だ。

「ハドソン川の奇跡」として映画化もされた飛行機事故では、渡り鳥のカナダガンを吸い込んだ旅客機のすべてのエンジンが停止してしまった。しかし、ニューヨークの市街地に墜落して被害を与えることなく、市内を流れるハドソン川に着水したのである。一歩間違えれば大惨事になるところだっただろう。バード・ストライクはこれほどまでに恐ろしい。

バード・ストライクの要因となる鳥にはさまざまな種類がある。

広大な用地を必要とする空港は、通常、開発の進んでいない自然の中に作られる。山林を切り開いて空港を作れば、周辺にはさまざまな鳥が生息している。海を埋め立てた土地や海の近くに空港を作れば、そこにもさまざまな海鳥が生息している。それらの鳥が航空機の安全な運航の脅威となっているのだ。

特に、時季によって群れで出現する渡り鳥は脅威の存在だ。

周辺に棲《す》みついている鳥であれば、追い払い続けることで空港は近づいてはいけない場所だと思わせることもできるが、どこからか飛んでくる渡り鳥は、何も知らずに大群で空港に近づいてくる。そのため、事故を起こす危険も高いのだ。

ハイテクの粋《すい》を集めた空港であるが、バード・ストライクを防ぐ有効な手立ては少ない。

何しろ空港のまわりでは鳥の群れは常に飛び回っている。いろいろな対抗策は検討されているが、現実的には、定期的に銃声や火薬の音で追い払うという、いかにも原始的な方法だけだ。

しかし、そんな方法ばかりに頼っているわけにはいかない。最近では、鳥を観測するためのレーダーが開発されたり、渡り鳥の飛行ルートを捕捉《ほそく》する試みも行われている。

グローバル化の進んだ現在に、航空輸送は欠かせない。現在、世界には三〇〇万機を超える航空機がある。今、こうしている瞬間にも、世界の空には旅客機だけで一〇万便が運航をしているという。

16……渡り鳥　バード・ストライクの恐怖

ライト兄弟が初の動力飛行に成功したのが、一九〇三年。それから、わずか一〇〇年あまりの間に、人類は大空に進出した。

しかし、地球の歴史の中で、人間が空を飛ぶ手段を得たのは、ごく最近のことである。それまで大空は鳥たちのものであったのだ。

鳥たちにとってはいい迷惑だ。

人間たちにとっては、空港のまわりを邪魔な鳥が飛び回っているということかもしれないが、鳥たちにしてみれば、自分たちのなわばりのまわりを邪魔な飛行機が飛んでいるだけの話なのだ。

渡り鳥たちに国境はない。渡り鳥たちもまた、航空機と同じように世界狭しと飛び回っている。

世界でもっとも長い距離を移動するキョクアジサシという渡り鳥は、グリーンランドと南極の間を休息地をつないで蛇行《だこう》しながら移動しているという。その距離は往復八万キロ。地球一周の距離は、およそ四万キロだから、地球を二周する距離を旅しているのだ。

危険に満ちた旅である。過酷な旅の途中で命を落とす仲間も多い。

そんな渡り鳥たちが、空港の近くで羽を休めている。そして、十分に休養をとった渡り鳥たちは、次の土地へと飛び立つのだ。しかし、危険はすぐそばにある。

大きな空港では、一分以内の間隔で、次々に飛行機が離着陸する。そんな飛行機の飛行の合間を縫《ぬ》って飛び立つことは、鳥たちにとって簡単ではない。

バード・ストライクは飛行機にとっても恐ろしい事故だが、鳥にとってはもっと恐ろしい事故である。何しろ、エンジンに吸い込まれて、命を失ってしまうのだ。

バード・ストライクの被害に遭うのは、飛ぶ力の弱い鳥であることも多いという。経験が少なく、飛ぶ力の未熟な若い鳥がバード・ストライクの餌食《えじき》になっていく。そして、若い命を落としていくのである。

III……摂理と残酷

17……カエル

モズに串刺しにされたものたちの声なき声

蛙の詩人と謳《うた》われた草野《くさの》心平《しんぺい》の作品に「蛇祭り行進」という詩がある。主人公はカエルたちだ。

ぴるるるるるるっ
はっはっはっはっ
ふっふっふっふっ

後足だけで歩きだした数万の蛙
篠竹に青大将をつきさした
ゲリゲを先頭に

渦巻石鹸の◎（うず）のように
だいりんを描いて行進する

『第百階級』

ゲルゲというのは、草野心平の詩によく登場するカエルの名である。

あるとき、棒の先に串刺しにされて干からびたカエルの死体を見つけた。命乞いをするかのように手足を広げた無残な死体は、串刺しにされたまま、冷たい秋風にさらされていた。

もしかすると、彼はゲルゲのように、カエルの戦士だったかもしれない。カエルの英雄だったのかもしれない。

それは、英雄にはあまりにも屈辱的な残酷な光景だった。

いったい、誰がこんなひどい仕打ちをやってのけたのだろう。

秋の終わりから冬の初め頃に、枝の先や有刺鉄線《ゆうし》に突き刺された無残な小動物の死体をよく見つける。これは、「モズのはやにえ」と呼ばれるものである。

はやにえは、漢字では、「速贄」と書く。速贄とは、「最初に捧げられる生贄《いけにえ》」のことを言う。神に捧げた供物《くもつ》にたとえられているのである。

モズという鳥は、捕らえた獲物をその場で食べることなく、鋭くとがった枝先やトゲに突き刺しておく習性があるのだ。やがて、獲物は日の光と冷たい風にさらされて干からびていく。これが「モズのはやにえ」である。

その無残なようすは「はりつけ」とも呼ばれている。

モズは「キィーキィーキィー」という甲高《かんだか》い声が特徴である。全長二〇センチとスズメより一回り大きいくらいの大きさだが、鋭く太いくちばしを持ち、昆虫ばかりかカエルやトカゲも襲う。それどころか、小さなヘビやネズミ、小鳥なども獲物にしてしまうほどで、「小さな猛禽類《もうきん》」と言われている。猛禽類とは、ワシやタカなどの肉食の鳥のことである。

モズはさまざまな生き物を獲物として捕らえ、「はりつけ」にしていく。モズのいる田園地帯で、冬の晴れた日に、散歩をしているとそんな「はりつけ」をあちらこちらで見かける。

昆虫では、バッタの仲間が目立つが、ハチやケラ、トンボ、コオロギ、コガネムシ、カマキリ、イモムシなどありとあらゆる昆虫たちが串刺しにされている。カエルの犠牲も多いが、ヘビや小鳥さえも容赦《ようしゃ》なくはりつけにされて、干からびている。魚やザリガニが餌食《えじき》になっていることもある。

それにしても、エサを捕らえたのであれば、すぐに食べればいいのに、モズたちは、食べることなく、獲物をはりつけにする。どうして、こんな残酷なことをするのだろうか。

その行動の理由は明らかではない。

エサの少ない冬に備えて、エサを蓄えているようにも思えるが、モズたちははやにえを食べることはしない。はやにえを作れば、それで満足してしまうのだ。

モズには、もともと備蓄の性質があり、はやにえを作るという性質だけが残っているという説もある。

あるいは、ただの殺戮《さつりく》本能なのではないかとも言われる。たとえ満腹であっても、獲物を見れば捕らえてしまう。そして、ただ、殺すことを楽しんでいるかのように串刺しにする。そんな恐ろしいことがあるだろうか。

いずれにしても、食べられることのないはやにえは、枝先でさらされている。はりつけにされ、さらされた姿は、ゆっくりとしかし確実に彼らの誇りを奪っていくのである。

もうカエルたちは冬ごもりの季節が近づいている。もしかすると、彼は戦士だったかもしれない。もしかすると、彼は英雄だったのかもしれない。

しかし、今は死体だけがさらされたまま、冬を迎えようとしているのだ。

それにしても、カエルたちは、どんな最期を迎えるのだろう。

自然界でカエルは、食べられる存在である。ヘビや、サギなど、さまざまな生き物が

カエルを狙い、食べて暮らしている。カエルたちは、どんな死に方をしているのだろうか。幸せな死に方はそこにあるのだろうか。

「蛙は地べたに生きる天国である」と詩人、草野心平は言った。

人間は死ぬことを恐れる。そして、死を恐れて、不幸になる。カエルは死ぬことを知らない。ただ今を生きている。草野心平は、あるがままに生きる蛙に楽園を見つけたのだ。カエルの世界を描いた彼の詩を、紹介しよう。

地球さま。
永いことお世話さまでした。

さようならで御座います。
ありがたう御座いました。
さやうならで御座います。

さやうなら。

「婆さん蛙ミミミの挨拶」

こんな言葉を残して死ぬことができたら、どんなに幸せだろう。こんな言葉を残せる生き方ができたら、どんなに幸せだろう。

カエルは今を生きている。おそらくカエルは、自分が死ぬことを知らない。だからそこ、今を生きている。そしてあっさりと死んでいくのだ。

カエルの多くは食われて死んでいく。詩の主人公である婆さん蛙ミミミも安らかに天寿を迎えたとは限らない。もしかすると食われながら、もしかするとはやにえになりながら、この詩を詠《よ》んだのかもしれない。

そのとき、地球を感じることができるとしたら……私は地べたに生きるカエルが少しだけうらやましいと思う。

18……クジラ

深海の生態系を育む「母」

世界最大の動物はクジラである。最小のコセミクジラでも体長六メートル、最大のシロナガスクジラだと体長三四メートルのものが確認されている。

こうした巨大な生き物であるクジラは、どのように死ぬのだろう。

クジラは大海原《おおうなばら》で、尾と尾びれを上下に振ってゆっくりと旅をしながら生涯を送っている。

だが、その一生は謎に満ちている。ましてや、その最期の姿など想像するしかない。

しかし、深海の調査などで海底深くに横たわるクジラの死骸《しがい》が観察されることがある。

クジラはどのようにして死ぬのだろう。

それはまったくわからない。

クジラは大きな肉のかたまりである。エサの少ない大海原では、クジラはかっこうのエサとなるはずである。

弱ったクジラは、サメなどの餌食《えじき》となってしまうかもしれない。

死んでしまったクジラは、体内にガスがたまり、一度は浮かび上がる。しかし、ガスが抜けると、クジラの巨

体は、やがてゆっくりと沈んでゆくと言われている。

暗く冷たい海の底へと、クジラの巨体はゆっくりとゆっくりと沈んでゆくのだ。

海の底では、まるで神からの贈り物を待つかのように、多くの生き物たちが、クジラが沈んでくるのを待っている。

食物連鎖は光合成を

行う植物から始まり、植物をエサにする生物を、肉食の生物が捕食してゆく。海の中では、海面近くで光合成をする植物プランクトンが、食物連鎖の始まりとなる。しかし、暗い海の底には光合成を行う植物プランクトンはいない。つまり、エサがないのだ。

そこには、互いに食い合い、食われ合う世界があるのみである。

そこに、神からの贈り物のように、クジラの死骸がゆっくりと沈んでくる。

エサを嗅《か》ぎつけたサメの仲間やヌタウナギの仲間は、我先にと、クジラの肉に群がり、食らいつく。そして、クジラの体は少しずつ断片になっていくのである。

小さな断片になると、そこには小魚が群がってくる。後れをとるまいと、エビやカニも集まってくる。

暗い海の底に、多くの生き物たちが集まってくる。そこは、まるで生き物たちの楽園であるかのようだ。

肉が食べ尽くされてくると、貝やゴカイの仲間たちが、クジラのまわりに集まってくる。彼らは、クジラの死骸が分解された有機物をエサにしているのだ。

肉が分解されて、骨がむき出しになってくると、そこには貝の仲間や、ワラジムシの群れが形成される。硬い骨も少しずつ分解されてエサになっていくのだ。

こうして、巨大なクジラの体が、少しずつ少しずつ分解されていき、この世から消えてゆくのである。

暗い暗い海の底にはエサが少ない。

しかし、クジラの巨体をエサにした多くの生物たちが育まれる。そして、多くの生命が生まれてゆくのである。

一頭、また一頭と命を失ったクジラが沈んでゆく。

海の底では、そんなクジラの死骸が観察されるという。

こうして深海の生態系が作られ、命がつながれてきたのだ。

「土に還《かえ》る」という言葉がある。

クジラは、こうして土に還る。

それが、クジラの死にざまである。

そして、死ぬとはおそらくこういうことなのだ。

19……ウスバキトンボ

熱帯からの日本行きは死出の旅

それは、帰り道のない旅立ちである。

そのトンボは精霊《しょうりょう》とんぼと呼ばれている。

お盆の頃になると、精霊とんぼは日本各地で群れて飛ぶのが目立つようになる。そのため、祖先の霊を乗せて帰ってくると言われているのである。

精霊トンボの正式名は、ウスバキトンボである。

ウスバキトンボは体が朱色のため、「赤とんぼ」と呼ばれるが、正確には赤とんぼではない。

赤とんぼに分類されるのは、アキアカネやナツアカネなどアカネ属のトンボである。

ウスバキトンボはウスバキトンボ属に分類されており、実際には、赤とんぼではないのだ。

代表的な赤とんぼであるアキアカネやナツアカネの体は、夏の間はオレンジ色をしているが、秋になると真っ赤になる。ところが、ウスバキトンボの体は秋になってもオレンジ色のままである。

アキアカネやナツアカネは、幼虫のヤゴの時代を水田で過ごす。田んぼに水が入れられると、卵から孵《かえ》ったヤゴたちは、田んぼの水の中の微生物や小さな虫などをエサにして暮らす。やがて初夏になると、羽化《うか》してトンボになるのだ。

ところが、アキアカネやナツアカネは、夏の暑さが苦手である。そのため、アキアカネは涼しい山の上に、ナツアカネは近くの雑木林の木陰に移動する。そして秋になって涼しくなってくると、田んぼに戻ってきて土の中に卵を産み、翌年の田植えの時期に卵からヤゴが孵るのである。

こうして、赤とんぼたちは田んぼと周辺の山や林を回遊しながら命をつないでいる。田んぼから高原や山の上へと大移動する、アキアカネの群れは圧巻だ。

ところが、である。最近では、アキアカネやナツアカネは絶滅が危惧《きぐ》されるほどめっきり減ってしまった。その原因の一つは冬の田んぼにある。

アキアカネやナツアカネは、田んぼのトンボである。山や林から戻ってきたトンボたちは、秋の田んぼに卵を産む。ところが、最近の田んぼは排水がよくなるように整備されているので、冬の田んぼはよく乾く。昔だったら、冬の間も湿っていた田んぼの土が、カラカラに乾いてしまうのだ。この乾燥で卵が死んでしまうのである。

さらには、最近、利用されている新しい農薬も赤とんぼに大きなダメージを与えているのではないかという指摘もある。小さな害虫が米の汁を吸うと、米に小さな斑点《はんてん》が残ってしまう。米は見た目で価値が決まるから、この斑点を作らないために、農家は農薬をまく。この農薬は、人間やイネに対する毒性が低い一方、昆虫に対しては強い効き目がある。この農薬が赤とんぼにもダメージを与えているのではないかと推測されているのである。

農薬というと農家の人が悪者にされがちだが、そうではない。米についた小さな斑点を許容できない人たちが、田んぼに農薬をまかせているのだ。

日本人に親しまれたナツアカネやアキアカネが、人知れず姿を消している一方で、ウスバキトンボは頑張っているようだ。ウスバキトンボの群れは今でもよく見かける。

ウスバキトンボも、幼虫のヤゴは田んぼで観察されるトンボである。しかし、そのふるさとは日本の田んぼではない。

ウスバキトンボは熱帯原産のトンボである。ところが毎年、四月から五月になると、大群になって、南の国から海を越えて日本に飛んでくるのである。まるで、渡り鳥さながらである。

もっとも、飛行能力の高い渡り鳥と違い、小さな虫にとって、海を越える移動は途方もなく危険な冒険である。それでもトンボたちは日本を目指して旅立つのである。

日本に渡ってきたウスバキトンボは、日本の田んぼで卵を産む。やがて、一か月ほどもすると水田で生まれたヤゴたちは、羽化してトンボになる。羽化したトンボたちは、日本列島のあちらこちらへと移動して田んぼへ卵を産む。こうして数を増やしながら分布を広げていったウスバキトンボたちが、お盆の頃になると日本中で群れをなして見られるようになるのである。

ナツアカネやアキアカネが田んぼを中心として一定地域の中を移動するのに対して、ウスバキトンボは日本列島を大移動するので、田んぼのないような都会でも見かけることができる。都心で赤とんぼを見かけたとしたら、それは、おそらくウスバキトンボである。

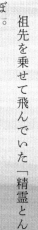

祖先を乗せて飛んでいた「精霊とんぼ」。

しかし、お盆が過ぎると、季節は急に秋めいてくる。季節はやがて秋から冬へと移り変わっていくのだ。

もともと熱帯のトンボであるウスバキトンボは、寒さが苦手である。秋も終わりに近づいて気温が低くなれば、トンボたちは飛ぶ力を失い、落ちてゆく。枯れゆく草につかまりながら、トンボたちは寒さのために動くことはできない。寒さに凍《こご》えて命が尽きてゆくのである。

ウスバキトンボは、気温の低い日本では、冬を越すことができない。こうして、お盆の空を埋めんばかりに群れをなして

飛び回っていたウスバキトンボは、すべて寒さで死んでしまうのである。卵を残せなかったものもいる。卵を残したものもいる。しかし、彼らが水の中に残した卵も、冬の寒さで死んでしまう。

そして、春の終わりに大陸から日本に渡ってきたウスバキトンボの子孫は、ついには全滅してしまう。大陸から日本を目指すウスバキトンボの一族にとっては、まさに片道切符の死出の行軍なのだ。

ウスバキトンボは熱帯のトンボである。熱帯地域で、一生を終えることもできる。

しかし、どういうわけだろう。翌年になれば新たな挑戦者たちが新たなフロンティアを目指して海を越えてくる。そして、また冬の寒さで全滅してしまうのだ。

全滅しても全滅しても、ウスバキトンボは海を渡るチャレンジをやめない。もう悠久《ゆうきゅう》の昔から、こうした死出の行軍を繰り返してきたのだ。

どうしてウスバキトンボは、こんな無謀《むぼう》な侵攻を繰り返しているのか。何がトンボたちを決死の旅に駆り立てるのか。すべては謎である。

生物たちの分布を広げようとするチャレンジ精神はすさまじいものがある。そして、ごく限られた成功者たちが新たな土地の住人となる。こうして、生物たちは分布を広げていくのだ。

ところが、である。

近年、日本への分布の拡大をチャレンジし続けるウスバキトンボたちに、一筋の光が見え始めている。

人間の引き起こした地球温暖化で、冬の寒さはずいぶんと和《やわ》らいでいる。雪国でも積雪は少なくなり、霜の降りる日も減少している。もしかすると、ウスバキトンボの卵たちが冬を越すことのできる日が、すぐそこまで来ているのかもしれない。

それがよいことなのか、悪いことなのかは、私にはわからない。

20……ショウリョウバッタ

干からびても葉を離れない「即身仏」の祈り

ショウリョウバッタの名は、「精霊バッタ」に由来する。「精霊」とは先祖の霊や魂のことである。お盆には先祖の霊が、子孫の元に帰ってくると言われている。

ショウリョウバッタは、五月頃に孵化《ふか》して、梅雨明け頃に成虫になる。そして、お盆の頃になると目立つようになることから、ショウリョウバッタと名づけられた。また、お盆に川に流す精霊流しの盆船に似ていることから、という説もある。

昔は、ショウリョウバッタは先祖の生まれかわりだから、大事にしなければいけないと言われた。草刈りがされて手入れの届いた草むらを好むショウリョウバッタは、農作業の合間に畦《あぜ》に腰かけて休んでいるとよく見かける。また、墓地の敷地沿いなどのわずかな草むらに見られることも多い。

日本で最大のバッタであるショウリョウバッタは体が大きいのでよく目立つが、足が長すぎるために動きが鈍い。バッタなのに跳んで逃げることもなく、ぎこちなく歩き回るだけである。つかまえて逃がしても、遠くへ逃げずに、すがるように近くにまとわりついて、こちらをじっと見ていることさえある。こんなようすが自分を訪ねてきた祖先の霊を思わせたのかもしれない。

ショウリョウバッタを見ていると、本当に先祖の霊が、はるばる自分を訪ねてきてくれたような気にさせられる。

そんなショウリョウバッタが、白くなって死んでいることがある。

まるで、生きているときと同じように、葉にしがみついているのだが、ミイラのように干からびているのだ。

その骸《むくろ》は、葉にしがみついたまま、葉から落ちることはない。葉が枯れ果てても、ショウリョウバッタは、そのまま葉にしがみついている。

前肢《ぜんし》を合わせて葉にすがりつくその姿はまるで祈りを捧げているようにも見える。

これは、硬化病という病気に冒されたバッタである。カビの仲間の病原性の糸状菌《しじょう》が引き起こすこの病気に冒されたバッタは、ミイラのように体が硬くなって死んでしまうのである。

病原性の糸状菌の白い胞子《ほうし》が、バッタの体に付着すると、胞子が発芽してバッタの体内へと侵入していく。そして、体の中で菌糸《きんし》が増殖して、ついにはバッタを死に至らしめるのである。

しかし、この病気の恐ろしいところは、それだけではない。

体内に蔓延《まんえん》した菌糸は、やがて昆虫の表面に現れて体中を覆い、バッタの水分を奪っていくのだ。こうして、バッタの体はミイラのようになっていくのである。

しかし、不思議なことがある。

病気に冒されたバッタは、草の先端に向かって上り始めるのだ。体の水分を奪われながら、体が硬く乾きながら、バッタは草を上っていく。そして、最後の力を振り絞って草の先端にたどりつくと、バッタは葉にしがみついたまま、まるで祈るように息絶えていくのである。

どうしてバッタは草を上っていくのだろうか。

一説には、糸状菌に操られて草の先端を目指すとされている。体中を覆った糸状菌の菌糸は、やがて粉を吹くように白い胞子を作って、バッタの体を覆う。そして、胞子を飛ばすのである。

このとき、バッタが地面で死ぬよりも、草の先端で死んでくれた方が、風で胞子を飛ばすのに都合がよい。そのため、糸状菌がバッタを操って草を上らせると考えられている。

もっとも、カビのような糸状菌が、どのようにバッタを操っているのかは、わかっていない。

せめて、死を前にしたショウリョウバッタが自らの意志で最期の命を燃やそうと草を上り、自らの意志で祈るような姿で息絶えていくのだと信じたい。

そうでなければ、その最期はあまりに憐《あわ》れである。

ある寺で「即身仏《そくしんぶつ》」と呼ばれるものを見たことがある。

即身仏とは、僧侶たちが苦行《くぎょう》を行った末に自らミイラとなったものを言うが、その方法は過酷である。

　即身仏を志した者は、山ごもりをし、千日行という千日間の厳しい修行をする。そして、米や麦などの穀物を断ち、木の実だけを食べる木食行《もくじきぎょう》を行うのである。

　地面深く掘られた穴の中に、石で作った室《むろ》を置き、その中に入る。しか

も、穴に入る前には、自らを腐らせない効果のある、猛毒の漆を飲むのである。漆を飲んだ体は、大量の発汗《はっかん》をし、嘔吐《おうと》を繰り返し、体内の水分が奪われていく。こうして、即身仏となるべき体を自ら作るのである。

この地下空間の中で、僧侶は、鐘を鳴らしながら経《きょう》を読み続ける。やがて、鐘の音が聞こえなくなると掘り上げられ、こうしてミイラになった姿が「即身仏」なのである。

僧侶はどうして、このような苦行をしたのだろうか。

じつは、即身仏になることができるのは、徳を積んだ高僧だけである。僧侶は、世の人々を苦しみから救うために、人々の救済を祈り、その苦しみを一身に背負って即身仏となったのだ。

即身仏とは、人々を救った姿である。民衆のために、自らを投げ出した姿である。私は即身仏の姿を目の当《ま》たりにしたとき、その存在の凄みに、足が動かなくなり、体の震えが止まらなくなった。

ショウリョウバッタは、草の先端でミイラとなっている。

ショウリョウバッタは何を思い、草を上ったのだろう。そして、何を思いながら、最期を迎えたのだろう。

草の先端で祈るような姿で干からびたショウリョウバッタを見たとき、私はなぜか即身仏を思ったのだ。

21……クマケムシ

なぜひたすら道路を横切るのか

私事であるが、筆者はイモムシやケムシの類《たぐ》いが苦手である。

何しろ、グロテスクで気味の悪い形をしている。

しかも、彼らは逃げることを知らない。知らぬ間に服についていたかと思うと、人間を恐れることなく上ってくる。他の動物であれば、人間を恐れて一目散に逃げ出すはずなのに、だ。

道路の上も逃げることなくのんびりと歩いている。

子どもの頃、自転車で草むらを走っていると、草にケムシがいっぱいついていた。ズボンにつくのではないかと心配で、一気に自転車で駆け抜けると、あろうことか自転車のタイヤにケムシがいくつもついていた。そのうちのいくつかは自転車のタイヤに轢《ひ》かれたまま、頭の残骸《ざんがい》や下半身だけがタイヤと一緒にくるくる回っていた。

その地獄絵図のような光景を目《ま》の当たりにして以来、私はイモムシやケムシを心底、恐れている。生物の調査を行う筆者は、夏の草むらに入らなければならないことがしばしばあるが、今でも、草むらの中でイモムシやケムシを見つけると、悲鳴を上げて飛び上がってしまうほどだ。大の男としては、情けない限りである。

「そこに山があるから」

イギリスの登山家、ジョージ・マロリーはそんな言葉を残した。

なぜ彼らは、そんな危険を冒そうとするのか。

なぜ彼らは、道路を横切ろうとするのか。

それは勇気ある挑戦なのだろうか、それとも無謀な愚行なのだろうか。

新芽の時期になると彼らは現れる。

彼らとはクマケムシである。

クマケムシはケムシの一種である。そのふさふさとした長く茶色い毛が、クマを連想させることから、俗に、クマケムシと呼ばれている。

最近では、あろうことか憎むべきイモムシやケムシが若い人の間で「かわいい」と言われてしまうことがある。ふさふさとした毛に包まれたようすがかわいいらしい。

クマケムシは、つつくとひっくり返って死んだふりをする。この動作がまた、かわいいというのだから、「かわいい」という言葉の用途が広すぎて筆者には理解できない。


クマケムシは、正しくは、ヒトリガというガの幼虫である。

ヒトリガは、「独り蛾」ではなく、「火取り蛾」の意味である。自らを滅ぼすような禍《わざわい》の中に進んで身を投じることを意味する「飛んで火に入る夏の虫」ということわざがあるが、ヒトリガは弧を描きながら、光に向かって飛んでいく習性があり、火の中に飛び込んでいく。このことから、「火取り蛾」と呼ばれているのだ。

それにしても、どうして炎の中に身を投じてしまうのか。

この理由は推察されている。夜行性の昆虫は、自分の位置を調整するために、月明かりに対する角度を頼りに飛ぶ性質がある。月は遠くにあるので、月明かりに対し一定の角度を保って飛ぶことができる。ところが、近くにある炎の明かりに対して一定の角度を保って飛んでいくと、炎のまわりを回りながら炎に近づき、ついには炎の中に入ってしまうのである。

親であるヒトリガの行動も、不可解だが、幼虫のクマケムシも、不可解な行動をすることで知られている。

初夏になると、次々に道路を横断し始めるのだ。

ヒトリガは夏に卵を産む。まもなく孵化《ふか》した幼虫は、旺盛《おうせい》な食欲で植物の葉を食べながら、どんどん体を大きくしていく。そして幼虫のまま冬を越し、春になると、また植物の葉を食べながらさらに体を成長させていき、夏に成虫となって卵を産む。

この食欲旺盛で大きく太ったクマケムシが、道路を横切っていくのである。

クマケムシは全身を大きく左右に振り、茶色い毛を揺らしながら前進していく。ケムシとしてはなかなか速いスピードである。しかし、速いとはいっても、しょせんはケムシである。次々と通り過ぎる車に轢かれて命を落とすものも多い。

しかし、その屍《しかばね》を越えてゆけとばかりに、轢かれても轢かれても後から後からクマケムシが現れては、道路を渡ろうとする。

轢かれて死んでゆくクマケムシには申し訳がないが、毛虫嫌いな私にとっては、愛車のタイヤが毛虫を踏んでいるかもしれないと想像するだけで、卒倒《そっとう》しそうな気持ちになってしまう。

それにしても、どうして、クマケムシは危険を冒してまで道路を渡ろうとするのだろうか。

アオムシが菜の花などアブラナ科の葉だけを食べたり、アゲハの幼虫がミカン科の葉だけを食べるように、チョウやガの幼虫は、エサにする植物の種類が決まっていることが多い。ところが、クマケムシはさまざまな植物の葉を食べることのできる「広食性《こうしょく》」という性質を持っている。とはいえ、大食漢《たいしょくかん》で次々に植物の葉を平らげていくので、たくさんのクマケムシがいるとエサが足りなくなってしまう。そのため、エサを求めて移動するのだと説明されている。

そしてクマケムシは、他のケムシに比べると移動する能力が高く、移動距離も長いので、人間の目につくことが多いのである。

それにしても、いったい、どれだけの距離をクマケムシたちは歩き続けるのだろう。

そもそも、危険な道路を渡らなくても、森の中でエサを探せばよさそうなものだ。

クマケムシの行動は、いまだ多くの謎に包まれているのである。

しかし、クマケムシの生態を明らかにしたいというのは、人間の余計な詮索《せんさく》かもしれない。クマケムシたちにとっては、そんなことはどうでもよいことなのかもしれないのだ。

クマケムシはエサを求めて、行きたい方向へ進む。歩きたいだけ歩く。ただ、それだけのことかもしれないのだ。歩くことに意味など、必要なのだろうか。

道路を横断すると人間は言うが、クマケムシに言わせればクマケムシのまっすぐな進路を横断しているのは、車の方なのだ。

「そこに山があるから」と、ジョージ・マロリーは言った。

そこに道路があるから、クマケムシは渡るのだ。

そんな挑戦者たちを、車は容赦《ようしゃ》なく轢いていく。そして、暑

くなったアスファルトには、轢かれたクマケムシの屍が増えていくのだ。

それでもクマケムシたちは、進むことを恐れることはない。道路を渡ることをあきらめない。今日もまた、クマケムシたちは次々に横断し、次々に轢かれていく。それがクマケムシの生き方である。

どうして道を渡るのか。そんなことに意味があるのか。

私たちは、そう思う。

しかし、クマケムシたちとって、理由などいらない。意味などいらない。クマケムシたちの言葉を代弁するとすれば、生きて死ぬとはそういうことなのだ。

22……カタツムリ

動きを操られてしまった臆病な生き物

性格とは、どのようにして決まるのだろう。

もちろん、遺伝による先天的なものもある。後天的に置かれた環境や取り巻く人たちによる影響も受ける。

自分という存在が、どのように形づくられているのか？　本当に不思議である。

カタツムリは臆病《おくびょう》な生き物である。

もっとも、カタツムリは臆病でなければ生きてゆくことはできない。カタツムリの天敵は鳥である。

カタツムリは、おせじにも逃げ足が速いとは言えない。空から襲ってくる鳥から身を守るには、常に葉の裏に隠れ、危険を感じれば殻の中に閉じこもるしかないのだ。

葉の上に出かけるような冒険心のあるカタツムリは、次々に鳥たちの餌食《えじき》になり、臆病で葉の裏に隠れ続けているカタツムリは生き残る。こうして、活動的なカタツムリが淘汰《とうた》されていく中で、カタツムリは臆病な生き物として進化を遂げていくのである。

しかし、そんなカタツムリが、とても活動的で、積極的になることがある。

そのカタツムリは、ずいぶんと変わっている。カタツムリは、日陰のじめじめした場所に暮らしているものだが、そのカタツムリは、日光を好み、光を求めて、日当たりのよい葉の上に移動するのである。

そのカタツムリも、もともとは他のカタツムリと同じように臆病であった。ところが、あるときを境に、急に性格が変わってしまったのである。

よく見てみると、そのカタツムリは性格だけでなく、見た目も変化してしまっている。目の先端は以上に膨《ふく》れ上がり、奇妙な模様が動いている。

性格が変わると目つきも変わるのかもしれないが、この変わり方は尋常《じんじょう》ではない。動き回る目の模様は、まるでイモムシが動いているような奇妙な動きだ。

カタツムリは葉の上に出て、盛んに目の模様を動かす。ＵＦＯを呼び寄せたり、神を降臨させるがごとく、まるで何かを招き寄せているかのようだ。

しかし、こんなに目立っていたのでは、あっという間に鳥に見つかってしまう。そもそも、カタツムリが目立たない葉の裏でひっそりと暮らしているのは、天敵の鳥に襲われないためである。こんな目立つところにいては、自ら鳥の餌食になっているようなものだ。

案の定、葉の上のカタツムリは、鳥に見つかった。そして、見つかるが早いか、飛んできた鳥のくちばしについばまれて、食べられてしまったのである。

なんとあっけなく、憐《あわ》れな最期だろう。

葉の上に出ることさえなければ、命を落とすことはなく、もっと生きながらえたはずだ。

もしかすると、熱心に動かしていた目が、鳥の好物のイモムシに見えたのかもしれない。

どうして、慎重だったカタツムリが、不用意に葉の上に出かけていったのか、悔やまれてならない。

しかし、である。

じつは、このカタツムリの不可解な行動は、すべて仕組まれたものであった。目つきがおかしいというのが、怪しい。もしかすると、何者かに操られてしまっていたのではないだろうか。

まさにその通り、じつはカタツムリは寄生虫に侵されていた。カタツムリの目の中で動いていた模様は、カタツムリの目の中に侵入した寄生虫だったのである。

それだけではない。この寄生虫はカタツムリの体内に寄生するだけでは飽き足らず、カタツムリの行動まで操っていたのである。

カタツムリに寄生していたのはロウコクロリディウムという寄生虫である。この寄生虫は、もともとは鳥に寄生する虫である。

しかし、ずっと同じ鳥の体内にいるだけでは、この寄生虫は増殖できない。たとえ卵を産んで増殖したとしても、いずれその鳥が死んでしまったら、一族もろとも死んでしまうことになる。寄生虫が子孫を残していくためには、次々と他の鳥へと感染していかなければならないのである。

ロウコクロリディウムの作戦は秀逸《しゅういつ》である。

鳥の体内で産み落とされたロウコクロリディウムの卵は、糞《ふん》と一緒に鳥の体外に排出される。そして、その糞を食べたカタツムリの体内に侵入するのである。

とはいえ、これだけでは任務が完了したとは言えない。

カタツムリの体内に寄生したロウコクロリディウムは、次に、鳥の体内に移動しなければならないのだ。

そこで、カタツムリの行動を操り、日当たりのよい場所へと移動させる。そして、目の先端に移動して、鳥の大好物であるイモムシが動いているように自らが振る舞うのである。

目の中で動き回るロウコクロリディウムを追い払おうとしてか、カタツムリは盛んに角を揺り動かす。それがなおさらイモムシのような目を目立たせて、空腹の鳥を呼び寄せるのである。

そして、ロウコクロリディウムは、カタツムリを鳥に食べさせて、鳥の体内への侵入を成功させるのである。

もちろん、憐《あわ》れなカタツムリの命と引き換えに、である。

恐ろしいのは、寄生虫が単にカタツムリに寄生して栄養分を得るだけでなく、カタツムリの行動までも支配してしまうことである。

もしかするとカタツムリは、自分が支配されているとは思っていないのかもしれない。なぜだか急に太陽の光が恋しくなって、なぜだか急に行動的になって、いても立ってもいられなくなってしまったのかもしれない。そして、自らの意志と信じて、葉の上へと移動していったのだ。行動を操られるということは、かくのごとく恐ろしい。

このように寄生した生物が、寄生した相手の行動まで支配する例は珍しくない。

たとえば、ハリガネムシに寄生されたカマキリは、水辺に近づき、浸水しようとする。これは、ハリガネムシが水の中に卵を産むために、カマキリにそうさせているのだ。

寄生虫だけではない。アリタケというキノコの仲間がアリの体内に入ると、アリタケは胞子《ほうし》を飛ばすのに適した場所までアリを移動させたのちに、存分に胞子を伸ばすのだ。その後、用のなくなったアリは、アリタケの餌食となる。アリタケの菌糸《きんし》が全身にまわり、養分を吸い取られて死んでゆくのである。

寄生というのは、恐ろしい。行動さえも、容易に操ってしまうのだ。

22……カタツムリ　動きを操られてしまった臆病な生き物

23……日本ミツバチ

世界最凶のオオスズメバチに仕掛ける集団殺法

誰かのために死ぬということは、どういうことなのだろう。

その一群は恐れることなく、一斉に敵に飛びかかった。

敵は大切な巣を荒らしに来た巨大なスズメバチである。スズメバチの中でも巨大なオオスズメバチは、昆虫の中では世界最大のハチとして恐れられている。刺されれば、人間であっても命を落としかねない、危険なハチなのだ。

オオスズメバチは肉食で、他の昆虫を捕らえて食べる。攻撃性が強く、世界最強とも呼ばれるハチだ。

他のハチの巣を襲うこともある。ハチの巣の中には、まるまると太ったハチの幼虫がいる。巣を襲えば、大量のエサを略奪できるのだ。

ハチの中では体が大きく攻撃力もあるアシナガバチでさえも、オオスズメバチに巣を襲われればひとたまりもなくやられてしまう。

ところが、一センチ程度の小さなそのハチたちは、大きければ五センチにもなるようなオオスズメバチに飛びかかっていく。しかし、オオスズメバチに、小さなハチの針は通用しない。次々にやられてしまう。それでも、小さなハチは恐れることなく、次々に襲いかかる。仲間がやられてもやられても、なお襲いかかる。

けっして無謀《むぼう》な戦いをしているわけではない。

小さなハチは、一匹や二匹で飛びかかるのではない。数百匹で次々に飛びかかり、ついには、オオスズメバチを覆い尽くすのである。

もちろん、最凶の昆虫であるオオスズメバチがそれだけでやられてしまうはずもない。小さなハチたちには、次の作戦がある。ハチたちは、筋肉を収縮させたり、羽を細かく動かして、体温を上げていく。そして、中にいるオオスズメバチを蒸し殺してしまうのである。

ハチたちが大勢で寄り固まってかたまりを作り、オオスズメバチを殺してしまうこの作戦は「熱殺蜂球《ねっさつほうきゅう》」と呼ばれている。

蜂球の温度は四六度にまで上昇する。オオスズメバチはおよそ四五度の温度で死滅する。一方、小さなハチたちは、四九度近くまで耐えることができる。このわずかな差を利用して、オオスズメバチだけを殺すことができるのである。

この小さなハチは、名を「日本ミツバチ」と言う。文字通り、日本のミツバチだ。私たちが、ふだん目にするハチは、海外から導入された「西洋ミツバチ」である。西洋ミツバチは、養蜂《ようほう》のために明治時代に導入されたものだ。西洋ミツバチが導入されるまでは、日本ミツバチは、日本のあちらこちらで見られた。ところが、西洋ミツバチが分布を広げると、日本ミツバチは次第に追いやられ、今では山に近いところで生息している。

日本ミツバチは、女王蜂は三～四年の寿命で卵を産み続ける。そして、卵から孵《かえ》った働き蜂たちが、エサを集めたり、幼虫の世話をしたりとかいがいしく働くのだ。働き蜂の寿命は暖かい季節では、一か月程度と言われている。

この一か月の間に何もなければ、働き蜂にとっては平穏な毎日が繰り返される。

しかし、いざオオスズメバチに襲われれば、働き蜂たちは、命をかけて強敵に挑むのだ。

日本ミツバチがオオスズメバチに対する集団的な戦い方を発達させてきたのに対して、西洋ミツバチは、日本に棲むオオスズメバチへの対抗策を持たず、彼らの襲来に太刀《たち》打ちできない。

西洋ミツバチは勇敢にオオスズメバチと戦うが、戦った結果、全滅してしまうことも珍しくないのだ。

西洋ミツバチに比べて一回りほど体が小さく、力も弱い日本ミツバチにとって、オオスズメバチに対する「熱殺蜂球」は効

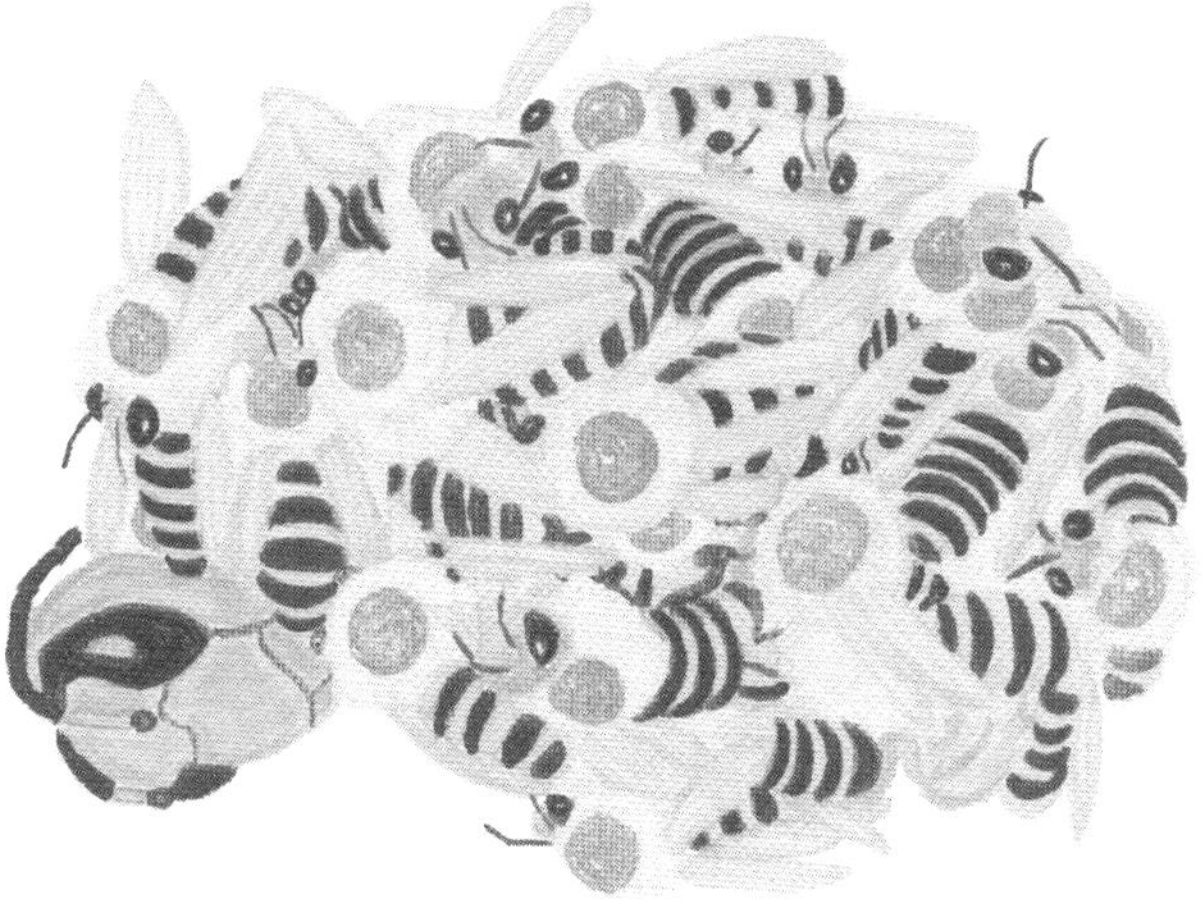

果的な作戦である。日本のミツバチは、長い歴史の中で、オオスズメバチへの対抗策を見出《みいだ》したのだ。もし、この対抗策を編み出すことができなかったとしたら、日本ミツバチは進化の過程で滅んでいたことだろう。

もっとも、日本ミツバチがオオスズメバチへの対抗策を発達させていたとしても、オオスズメバチも簡単にやられてしまうわけではない。蜂球を作るまでにオオスズメバチにやられてしまうハチもたくさんいる。しかし、やられてもやられても、ミツバチたちは飛びかかり、ついには蜂球を完成させるのだ。オオスズメバチを殺すのに必要な温度はおよそ四六度、しかし、四九度にまで温度が上がれば、ミツバチも死んでしまう。ギリギリの暑さの中で蜂球の中で死んでしまうハチもいる。

間違いなく犠牲を伴う戦いなのだ。決死の覚悟が必要な作戦なのだ。

それでもミツバチたちは、恐れることなくオオスズメバチに立ち向かっていく。この戦いで、自らの命が尽きるとしても、その犠牲によって多くの仲間たちが守られる。そして、巣の中の子どもたちの命も守られるのだ。

命を投げ出したハチたちのおかげで、ハチの巣の未来が守られる。

かつて日本ミツバチの棲《す》む「日本」という国が戦火に見舞われたとき、この国のために命を捧げた大勢の若者たちがいた。

いや、おそらく彼らは、国のために命を捧げたわけではないだろう。

彼らは、ある人にとっての父であり、ある人にとっての恋人や夫であり、ある人にとっての息子であった。

かつて誰かのために、死んだ命がある。

そして、かつて誰かの死によって、守られた命がある。

それは、ミツバチの世界の話ではない。

平穏で退屈な毎日が続くと私たちに感じられるとするのならば、私たちは時にはそのことを思わなければいけないのかもしれない。

IV……生命の神秘

24 雑草

なぜ千年の命を捨てて短い命を選択したのか

雑草はどこにでも生えるようなイメージがあるかもしれないが、実際にはそうではない。種類によってそれぞれ得意な場所があり、そうした場所で生えているのである。たとえば、道ばたやグラウンドのようによく踏まれる場所では、オオバコやスズメノカタビラなど踏まれることに強い雑草が生えている。河川の土手や道路の法面《のりめん》のように、よく草取りされる場所では、ハコベやカタバミのような草取りに強い雑草が生えている。草刈りをされる場所では、ススキやセイバンモロコシのような刈取りに強いイネ科の雑草が生えている。

とはいえ、動けない植物である雑草が、自分で生える場所を選べるわけではない。幸運にも得意なところに落ちた種は、生存競争を勝ち残る。不運にもそうでなかった種は、生存競争に敗れてしまうのだ。

勝手に生えてくるように思える雑草だが、雑草にとっては、無事に生えることは簡単ではない。

雑草の種類にもよるが、一株の雑草には、何万とも、何十万とも、何百万ともいう数の種子ができる。この種子がすべて成長を遂げれば大変なことになるが、実際にはそんなことにはならない。雑草は誰かが水をやって育ててくれるわけではない。

条件が合わなければ雑草の種子は発芽することさえできないし、小さな芽生えはすぐに枯れてしまう。

土の少ない街の中でアスファルトの隙間《すきま》に雑草が生えている。こんな場所に生えているなんてかわいそうと思うかもしれないが、アスファルトの隙間に落ちたこの雑草の種子はなんと幸運だったのだろう。

あるものは、土のある場所にたどりつけずに死んでしまったことだろう。あるものは雨水と一緒に下水道に流されてしまったことだろう。雑草の中には種子寿命が長く、数十年も発芽のチャンスを待ち続ける種子もある。あるいは一年以内で死んでしまう種子もある。

アスファルトの隙間で芽を出し、雑草としてこの世に生えることができるのは、奇跡に近いような幸運なのだ。

じつは、雑草は、もっとも進化した植物であると言われている。田畑や道ばたなど、人間が作り出した環境は、自然界にはない特殊な環境である。その環境で生えるために特殊な進化をした植物、それが雑草である。

そもそも、植物の進化を顧《かえり》みると、大きな木から小さな草が進化したとされている。古生代《こせいだい》に海から陸上に進出した植物は、最初はコケのような小さな植物だったが、その後、シダ植物に進化した。この当時のシダ植物は数十メートルもあるような大木であった。やがて、恐竜の時代になると裸子《らし》植物の大木が森を作る。そして、背の高い大木の葉を食べるように、首の長い巨大な草食恐竜に進化したのである。

ところが、恐竜時代の終わり頃になると、「木」から「草」という新しい形の植物が誕生する。白亜紀《はくあき》に登場したトリケラトプスは、首が短く、まるでウシやサイのような姿をしている。これは、「草」という新しく進化をした植物を食べるために進化したのだ。

大木となるような木の方が進化しているようにも思えるが、実際には、小型の草の方が進化形なのである。

しかし、不思議である。

大木になる木は、何十年も何百年も生き続けることができる。中には樹齢が千年を超えるようなものさえあるくらいだ。それに比べて、草の寿命は一年以内か、長くても数年である。

どうして千年も生きることのできる大木が、短い命を選択して雑草として進化したのだろうか。

すべての生命は死にたくないと思っている。千年生きられるのであれば、千年生きたいと願うかもしれない。

それなのに、植物は短い命を選択したのだ。どうしてなのか。

千年というのは、とても長い時間である。その千年を生き抜くことは、けっして簡単なことではない。千年の間には、洪水や地震などの災害が起こるかもしれない。落雷や森林火災のような事故が起こるかもしれない。あるいは千年もすれば地形が変化し、気候も大きく変わるかもしれない。

一〇〇キロを全力で走れ、と言われてもとても走ることができないのと同じようなことだ。それでは、一〇メートルだったらどうだろう。一〇メートル先には、次の走者が待っている。次の走者にバトンを渡すまでの与えられた一〇メートルだけを走るのだ。これならば、全力で走り抜くことができるのではないだろうか。そして、一〇メートルずつリレーしながら走った方が、結果的には一〇〇キロ先まで、確実に、そして迅速《じんそく》にバトンを運ぶことができるのではないだろうか。

植物が短い命に進化した理由もまさにここにある。長すぎる命は天命を全《まっと》うすることができないかもしれない。そのため、与えられた命を全うし、生き抜くために植物は、短い命を選択したのである。

草の中でも「雑草」と呼ばれる植物は、さらに特殊な進化を遂げている。そして、短い命をリレーすることで、困難な環境で命を生き抜く術《すべ》を発達させている。

草取りをされるような場所でも、草取りをされるまでの短い間に、花を咲かせて種子をつける。

きれいに草取りをしたつもりでも、すぐに土の中の種子が芽を出してくる。そして、しばらく経って草取りをしようと思えば、雑草はその拍子にバラバラと種子を落とす。

中にはカタバミやタネツケバナのように小さな種子を弾き飛ばして、人間の服に種子をつけてしまうものもいる。こうして衣服についたまま人間が移動すれば、種子もどこかへ運ばれて、新たな場所へと分布を広げていくのだ。

雑草にとって、もっとも重要なことは種子を残すことである。次の走者にバトンを渡すことである。

アスファルトの隙間に生えた小さな雑草も、必ず花を咲かせる。そして、一粒でも二粒でも種子をつける。たとえ、わずかであっても必ず種子を残す。それが雑草の生きる目的である。雑草はただなんとなく生きているわけではないのだ。

草取りされたときに、種子が熟していない場合もある。

それでも、抜き捨てられた雑草はあきらめない。根は干からび、茎や葉も枯れ果てながら、雑草は、ある限りの水分や栄養分を種子に送り込む。そして、自らは萎《しお》れながら、種子を実らせていくのである。

25……樹木

「生と死」をまとって生き続ける

木というのは不思議である。
大木を眺めていると、なんだか不思議な気持ちにさせられる。
生きていることの不思議を問いかけられているようだ。

木は生きているのだろうか。それとも死んでいるのだろうか。

私の体は生きているのだろうか。それとも死んでいるのだろうか。
大木を見上げているとわからなくなるときがある。

私たちは細胞のかたまりである。人間の体は、六〇兆個もの細胞が集まって作られていると言われているが、その中には死んでいる細胞もある。

たとえば、私たちの髪の毛の細胞は、死んだ細胞である。髪の毛は毛母《もうぼ》細胞という生きた細胞が細胞分裂して作られる。しかし分裂した細胞は角質化して死んだ細胞となってしまうのだ。

爪も同様に死んだ細胞である。あるいは、私たちの肌では、たくさんの表皮細胞が死んで垢《あか》となっていくし、血液の中ではたくさんの赤血球が寿命を終えて死んでいる。

私たちの体は六〇兆個もの細胞が集まっているといっても、その中には生きている細胞もあれば、死んでいる細胞もあるのだ。

髪の毛や赤血球は消耗品で、それらが死んだ細胞だと言われても、自分の生命とは関係がないように思えるかもしれない。しかし、私たちに生命が宿ったとき、私たちはたった一個の受精卵にすぎなかった。

その受精卵が細胞分裂を繰り返して、今の体を作ったのだ。髪の毛や赤血球も、間違いなく私たちの分身の細胞だ。

それでは、この例はどうだろう。

もし、指が鬱血《うっけつ》して、指一本分の細胞が死んで、指が失われてしまったとしても、私たちは生きていくことができる。指は死んでも、他の部分は生きている。

反対に、私たちの心臓が止まり、脳の活動が止まったとしたらどうだろう。けっしてすべてが死んでしまうわけではない。他の細胞にとっては、心臓が止まったとしてもまったく関係はない。脳の細胞が死んでしまったといっても、それは脳という器官を失ったにすぎない。確かに心臓が止まり、脳が死んでしまえば、血液の循環や体の中の調整機能が失われて、次第に体全体の細胞が死んでしまう。しかし、心臓や脳の活動が止まっても、しばらくの間は、毛母細胞は生き続けてヒゲは伸びるし、臓器や肌の細胞は生きていて、生命活動を続けようとする。

私たちの体は死んだ細胞と生きている細胞とでできている。生と死をまとっているのだ。


私たちの体にとって、「生きている」とは何なのだろうか。


木は千年を生きることができる。

しかし、木の細胞の多くは死んでいる。

木には年輪というものがある。この年輪は死んだ細胞によって作られていく。木は生命活動をして、外側に向かって太っていく。すると生命活動を終えた木の内側の細胞は死んでしまう。

翌年、その外側で生命活動が行われ、生命活動を終えた細胞は死んでゆく。これを繰り返すことで、木の幹は年々太くなり、年輪が刻まれていくのだ。

どんな大木も、生きている細胞は、樹皮の内側にある、木の幹の一番外側の表面の細胞だけである。この幹の表面のわずかな部分だけで、根から吸い上げられた水が生きた細胞を潤し、光合成で作られた栄養分が生きた細胞全体へと運ばれる。そして、細胞分裂が行われて、幹が外側へと太っていくのだ。

こうして、木の幹は新たな細胞を生み出しては外側へ外側へと成長を遂げ、内側に入った細胞は次々に死んでいく。この繰り返しによって大木が作られていくのである。

木は切り倒すと、表面の樹皮をむいて、年輪のある内側の

部分を木材として用いる。木材というのは、すべて木の死んだ細胞である。
よく木造建築の柱は呼吸をすると言われるが、それは死んだ細胞が、水分を吸収したり、放出したりして、湿度を調整するという意味である。生きて呼吸しているわけではない。
大木と呼ばれる木も、そのほとんどは死んだ細胞でできている。死んだ細胞でできた土台の上の、ほんの薄っぺらい表面だけで、生命活動が行われているのだ。
そのため、大木は中心部分が腐って大きな洞《うろ》ができても、まったく問題はない。雷が落ちて、木のほとんどが燃えてしまっても関係ない。木の大部分はすでに死んでいるのだ。

千年生きた木は、いったい何歳なのだろうか。

それでは、私たちの体は、いったい何歳なのだろうか。
大木を見上げていると、それさえもわからなくなるときがある。

千年生きた木も、生きているのはほんの外側の部分だけだ。
生きているのは、すべて生まれたばかりの若い細胞である。

私たちの体はどうだろう。

私たちは歳をとれば、家電製品や自動車が古くなるように、ガタがくるのは当たり前だと思っている。

しかし、私たちの体は、細胞分裂を繰り返し、常に新しい細胞が生まれている。

肌の細胞は、一か月もすればすべて新しい細胞に生まれ変わる。骨の細胞や内臓の細胞も数か月で生まれ変わる。

そこには使い古した細胞はない。くたびれた細胞もない。

私たちの体は、赤ん坊と同じように、生まれたての細胞でできている。若い細胞で満ち満ちているはずなのだ。

私たちの体も古い細胞は死に去り、常に新しい細胞で作られている。

そうだとすると、私たちの体はいったい何歳なのか。

私たちの体は、生まれたときの体とは、すっかり変わっている。

去年の私と今の私とは、違う細胞で作られている。

そうだとすれば、私たちの存在とはいったい何なのか。

天然記念物になるような老木は、枝を挿し木して増やすことがある。枝を取ってきて、土に挿しておくと、枝から根っこが出てくる。そして、挿した枝は新たな木となる。この新たな木は、元の木とまったく同じ遺伝子を持ち、性質もまったく同じクローンとなる。

たとえば、花見で人気のソメイヨシノは、こうしてクローンによって増やされた。

それでは、樹齢千年の木から挿し木した若い木は、いったい何歳になるのだろう。

死ぬとか生きるとかいうことは、人間が思っているほど単純なことではない。

大木を見上げていると、そう思うときがある。

26……X

今あなたがいる、という奇跡

その生存競争は熾烈《しれつ》を極める。

一斉にスタートを切った彼らは、長い道のりをゴールを目指して泳ぎ続ける。しかも、行く手にはさまざまな障害が待ち受ける。その障害を越えた先に、ゴールがあるのだ。

それにしても厳しい競争である。

勝者はただ一人。

銀メダルも銅メダルもない。たった一人の勝者以外は、すべてが敗者なのだ。

この物語の主人公は精子である。その体長は、わずか〇・〇六ミリメートルしかない。人間の場合、一回の射精で放出される精子は、二～三億個と言われている。これに対して、ゴールで待ち受ける卵子は一個である。

勝者になるのは、二〜三億分の一の確率……。日本の人口が一億二〇〇〇万人ほどだから、これは宝くじどころか、日本人でただ一人選ばれるよりも、さらに低い確率だ。たった一人の勝者を決めるレースは困難極まる。

膣《ちつ》内は病原菌の侵入を防ぐために、粘液を出している。しかも、侵入した病原菌を殺すために粘液は酸性に保たれている。

この酸が、精子にとっても障害となる。酸の中で精子は思うように前に進めず、多くの精子はここで動けなくなってしまう。

この障害をたった一個の精子の泳力だけでくぐり抜けることは難しい。精子たちは群れを作りながら泳ぎ、協力しながら道を切り開き、子宮の内部へと進入していく。

中には必死に泳ぐ他の精子の上に乗っかって、ずるをしようとする精子も現れる。他の精子に乗っかられた精子はいい迷惑だ。スピードが落ちてレースから脱落していく。もちろん共倒れだ。

途中でレースに参加することをあきらめて、他の精子の前進を邪魔し始める精子も現れる。

意識はないはずなのに、どういうわけだか個性的である。まさに熾烈な人間模様を見るようである。

しかし、精子と卵子が受精をして、初めて生命が宿るから、受精をしていない精子は、生きている存在ではない。

精子には何の意思もないはずである。それなのにこの精子たちの人間くささはどうだ。いったいどのような仕組みになっているのだろう。

無事に子宮内に進入できる精子は、わずか三〇〇〇個。最初の障害を突破できるのは一〇万個に一個の精子だけなのだ。

子宮内に進入した精子たちには、容赦《ようしゃ》なく次の難関が訪れる。

何しろ広い子宮の中から、卵管の小さな入り口を見つけ出さなければならないのだ。

しかも、彼らの探索《たんさく》をはばむものが現れる。

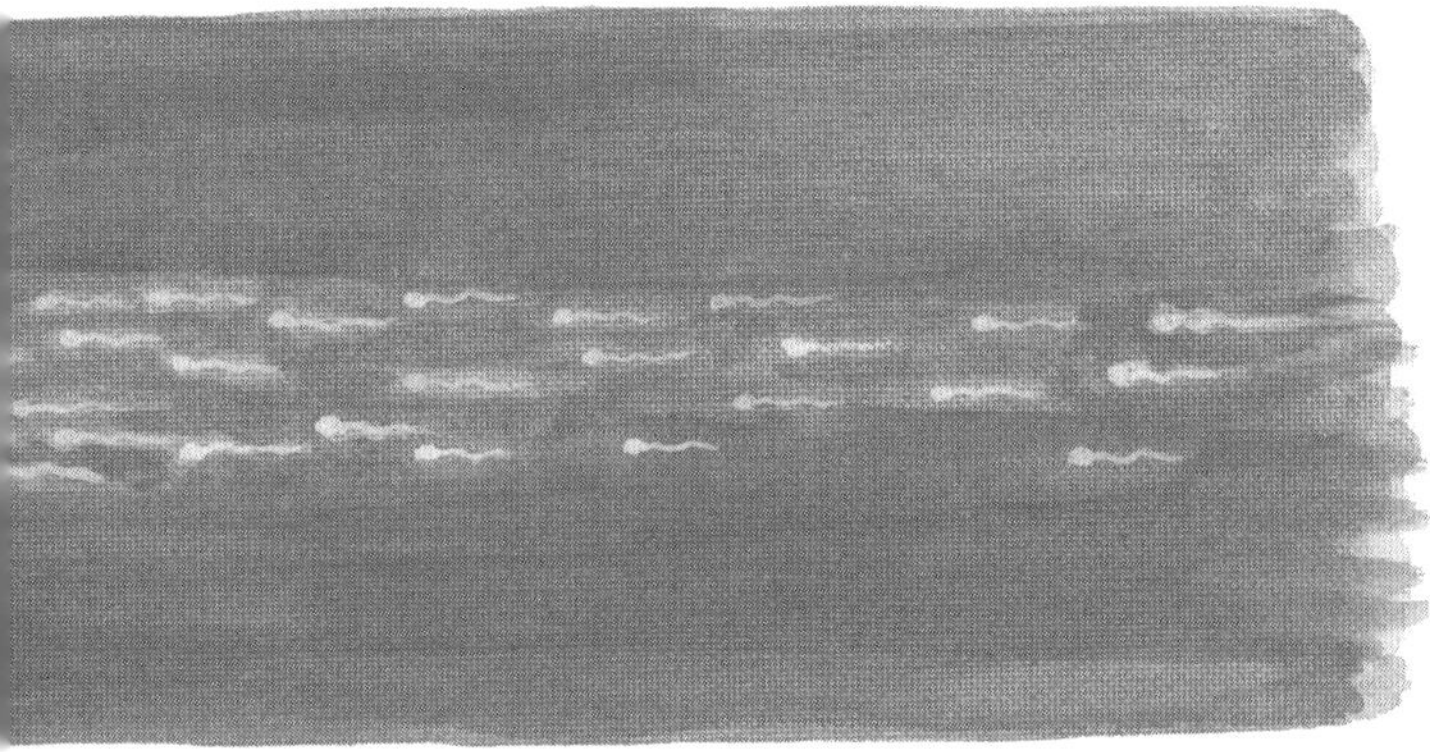

命を宿すためのパートナーとはいえ、女性の体にとって他者の遺伝子を持った精子は異物にすぎない。そのため、異物を認識した白血球が、一斉に襲いかかってくるのだ。

白血球をやり過ごし、なんとか卵管の入り口を見つけた先にも試練はある。

かつて大型のクイズ番組「アメリカ横断ウルトラクイズ」は、勝負の決め手は「知力・体力・時の運」と言われた。知力と体力だけでなく、勝ち抜くためには運が必要だと言われたのである。

精子のレースでも強運が試される。

卵管の先は、行く手が二つに分かれている。精子のレースのゴールは、卵子である。

この分かれ道のどちらか一方のみに卵子が用意されている。

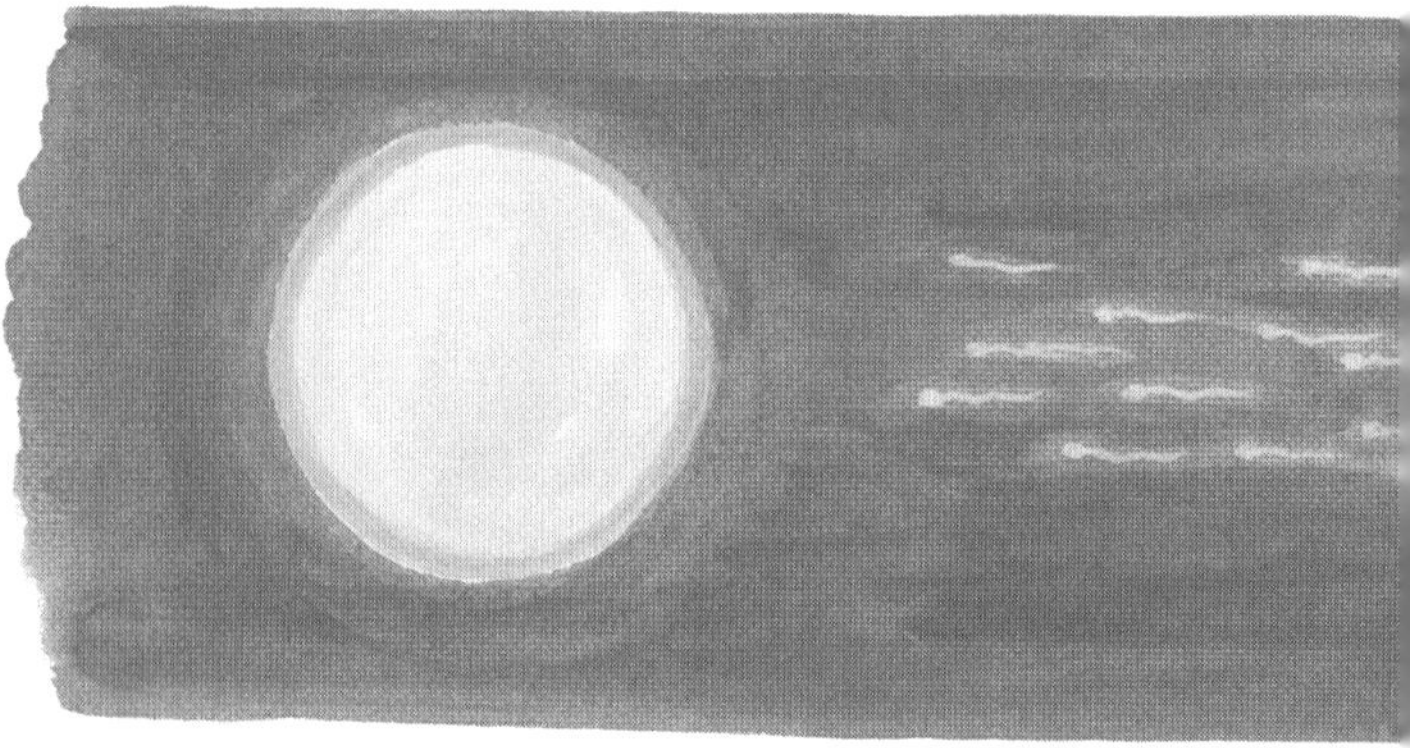

もちろん、何のヒントも手がかりもない。運を天に任せて進むより他にないのだ。

運がよければ、卵管の奥では卵子がレースの勝者が決まるのを待っている。

ここまでたどりつくことのできる精子は、わずか一〇〇個ほどであるとされている。

いよいよ最後の戦いである。

卵子の外側は固い殻で守られている。精子は酵素を出して、この殻を破っていく。最初にこの殻を破って卵子に進入できた精子が勝者となるのだ。

ついに決着のときである。

殻を破った一つの精子が、卵子の中に潜り込んだ。

すると突然……卵子は受精膜というバリアを瞬時に張り、まわりについていた他の精子の進入をはばむ。

勝者が選ばれたのだ。

勝者をたたえるかのように、精子を受け入れた卵子は細胞分裂を開始し、ゆっくりと回転を始め、子宮に向かっていく。

愛のダンスを踊っているようにも見える。宇宙のどこかで生命の惑星が誕生したようにも見える。神秘的な光景だ。

無数の敗者たちは、レースが終わったことなど知るよしもない。

彼らは、力の続く限り泳ぎ続ける。卵子に潜り込むかのようにして、子宮の壁に頭を潜り込ませようとするものもある。精子が動ける時間は四八時間から七二時間。やがて力尽きて動けなくなるのだ。


二～三億の精子が参加したレースである。さまざまな障害が襲いかかるサバイバルレースである。

もし、あなたなら、こんな厳しいレースに、勝ち抜く自信があるだろうか。

しかし、間違いなく、あなたはこのレースに勝ち抜いた強運な勝者である。

そして、あなたはこの世に生を受けた。

これ以上に、何か望むものがあるだろうか。

精子の物語と言うと、男性の話だと思うかもしれない。しかし、そうではない。

あなたが女性であったとしても、遺伝子の半分は精子からもたらされる。

精子の中にはX染色体を持った精子と、Y染色体を持った精子とがある。女性の持つ卵子は、必ずX染色体を持っている。X染色体を持った精子が卵子にたどりつけば、受精卵は女性となる。一方、Y染色体を持った精子が卵子にたどりつけば、受精卵は男性となる。

こうして、勝ち抜いた精子と卵子の受精卵として、あなたは誕生した。

もしも、別の精子が一番先にたどりついていたとすれば、あなたはこの世に存在しない。

別の誰かが、この世に生を受けていたことだろう。

勝者がいれば敗者がいる。

あなたという一人の勝者の陰には、二億を超える敗者がいる。

私たち人間の認識では、精子と卵子が受精をして、初めて新たな生命が宿ると言われる。

精子は遺伝子を持ち、生きている細胞である。しかし、それはたった一個の細胞にすぎない。まだこの世に生まれていない存在だから、人間として生きているとは言えない。

生まれてさえもない。生きる苦しさも哀しさも知らない。

しかし、彼らは懸命に泳ぎ抜いた。そして、敗れ去っていったのである。

それでも動けなくなり、消滅していく彼らは「死んだ」という称号さえ与えられない。

彼らはこの世に生まれることさえ許されなかった存在なのだ。

このレースを制して、あなたは生まれた。そして、この世の中を生き、そして死ぬことができる。

スポーツの試合などでは、敗れ去った者が、「自分の分まで頑張ってくれ」と勝者に思いを託す。そんなたくさんの敗者たちの思いを託されて、一人の人間が生まれてきた。

今生きているのは、そんな幸せなただ一人の勝者なのだ。

27……人間

ヒト以外の生き物はみな、「今」を生きている

人間はまだ見ぬ死を怖がる生き物である。

もちろん、すべての生物が死にたくないと思っている。危険が近づけば必死に逃げるし、どんな困難な環境でも必死に生き抜こうとする。

しかし、いつくるともわからない死を恐れるのは人間だけだ。

鳥も動物も、死の影を恐れることはない。

哺乳類《ほにゅう》は状況を判断して行動するために、脳を発達させた。

この脳が瞬時に反応する能力を磨いた結果、状況を予測して判断できれば先回りして行動できるようになったのだ。

肉食獣であれば、獲物の逃げ道を予測して先回りすることもできるし、草食獣であれ

ば、追っ手の動きを予測して裏をかくこともできる。

イヌはお座りをすればエサがもらえるという未来が予測できるから、お座りをして待つことができる。

未来を予測するために、過去の情報も少しは活用する。

そして、「ここは危険な場所だった」とか、「エサがありそうだ」と判断をするのである。

哺乳類は、このようにして発達させた脳で、未来を予測するという能力を身につけた。しかし、それは近い未来である。遠い未来のことはわからない。明日のこともわからない。今、置かれた状況で、今、得られる情報で、近い将来の行動を予測していくのである。

人類は、この先を予測するという能力を高度に発展させた。

今や私たち現代人は、明日のことを考えて行動することができる。明日どころか、来年のことも、一〇年先のことを考えて行動することもできる。

そして、先を予測する力を発達させることによって、まだ見ぬ世界を予測する「想像力」という力を手に入れたのである。

私たちが想像するのは、未来のことだけでない。何億年もの昔に思いを馳《は》せることさえできる。見ることのない宇宙の果てのことさえ、頭の中に描くことができる。こんな想像力を持つ生物は他にいない。想像力こそが人間の持つ特殊な能力である。人類はこの想像の力で、文明や科学を発展させてきたのである。

しかし、想像力を手にした人類には、やっかいな問題もある。

すべての生物は未来のことはわからないから、今を生きている。

未来がわからないのは人間も同じだが、人間は未来を想像することができる。そして未来をあれこれ想像した挙げ句、「今を生きる」というすべての生物が当たり前にしていることを忘れてしまったのだ。

将棋や囲碁にたとえれば、イヌやネコなどの動物は、「こうすれば、ああなるから、こうする」と三手先くらいを読む。

しかし、人間は何十手先も、何百手先をも読もうとする。そして、まだ数手も指してもいないのに、「これは勝ちだ」とか「参りました」とか勝負の結果を決めてしまうのだ。

将棋や囲碁の名人でさえ、何十手先の場面を正確に読むことはできない。先を読むことは大切だが、その読みどおりいくとは限らないのだ。

ましてや我々人類は、本当は明日のこともわからない。それどころか一分先のことさえ本当はわからない。

将棋や囲碁から生まれた言葉に「下手の考え、休みに似たり」がある。考えてもわからないことをいくら考えても仕方がないという意味である。

私たちは、本当は三手先さえわからないのに、何百手も先を読んで悩んでいるようなものだ。

来るかどうかもわからない将来のために、今を犠牲にして我慢してみたりする。「今」を生きていないのだ。

哺乳動物は少し先の未来を予測するために、過去の情報を少しは利用する。

しかし人間は、過去の情報にもとらわれる。そしてときには、戻ることのできない過去のことさえ「もし……たら」と想像して、落ち込んでみたりするのだ。

問題はそれだけではない。

未来を想像する能力を手に入れた人間は、「自分が死ぬ」という未来も想像できるようになってしまった。

挙げ句の果ては、「人は死んだらどうなるのか?」とか、「人は何のために生まれてきたのか?」とか、考え出す。そして、「生きるのがつらい」とか、「死んで楽になりたい」とか、とても生き物とは思えないようなことを言い始める。

そんな生き物は他にいない。そんなことを考えるのはヒトだけだ。

すべての生き物は「今」を生きている。大切なのは「今」である。

今、命があるのだから、その命を生きればいい。

ただ、それだけのことである。

しかし、人間として生まれてきた以上、今を生きることはとても難しい。

二度と来ない過去や、未来のことを考えないわけにはいかない。

私たちは、なんというやっかいな生き物に生まれてきてしまったのだろう。

もっとも、悪いことばかりではない。

私たちは未来を想像できる。

未来を想像することで、ワクワクして楽しい気持ちになったり、生きる力がわいてくることもある。

未来を想像することで、「今」を大切に生きることもできるはずだ。

それを古人《こじん》は「希望」と名づけた。

私たちは希望を持つ唯一の生き物でもあるのである。


私たちは、自分たちの死ぬ姿を想像することができる。


想像してみよう。

今日があなたのゴールである。

今日の日のために、あなたは生きてきた。


想像してみよう。

私たちはどのように死ぬのだろう。

そのとき、どんな気持ちなのだろうか。

つらいこともあったろう。悲しいこともあったろう。
しかし、うれしいこともいっぱいあったろう。
人生で一番、うれしかったのはどんなときだっただろう。
充実した人生だっただろうか。
後悔はないだろうか。

そのとき私たちは、満ち足りた気持ちでいるだろうか。

その日のために私たちは、今、何をすればよいのだろう。

あなたの死にざまは、どのようなものなのだろう。

稲垣栄洋　いながき・ひでひろ

1968年静岡県生まれ。静岡大学大学院農学研究科教授。農学博士。専門は雑草生態学。岡山大学大学院農学研究科修了後、農林水産省に入省、静岡県農林技術研究所上席研究員などを経て、現職。著書に、『生き物の死にざま』『スイカのタネはなぜ散らばっているのか』『身近な雑草のゆかいな生き方』『身近な野菜のなるほど観察記』『蝶々はなぜ菜の葉にとまるのか』（いずれも草思社）、『身近な野の草　日本のこころ』（筑摩書房）、『弱者の戦略』（新潮社）、『徳川家の家紋はなぜ三つ葉葵なのか』（東洋経済新報社）、『世界史を大きく動かした植物』（PHP研究所）など。

生き物の死にざま　はかない命の物語

2020年7月14日　第1刷発行
2020年7月25日　第3刷発行

著者　稲垣栄洋
イラスト　わたなべろみ
デザイン　大野リサ
発行者　藤田　博
発行所　株式会社草思社
〒160-0022　東京都新宿区新宿1-10-1
電話　営業03（4580）7676
編集03（4580）7680
編集協力　小池桃子
組版　鈴木知哉
印刷所　中央精版印刷株式会社
製本所　株式会社坂田製本

ISBN978-4-7942-2460-6 Printed in Japan　検印省略

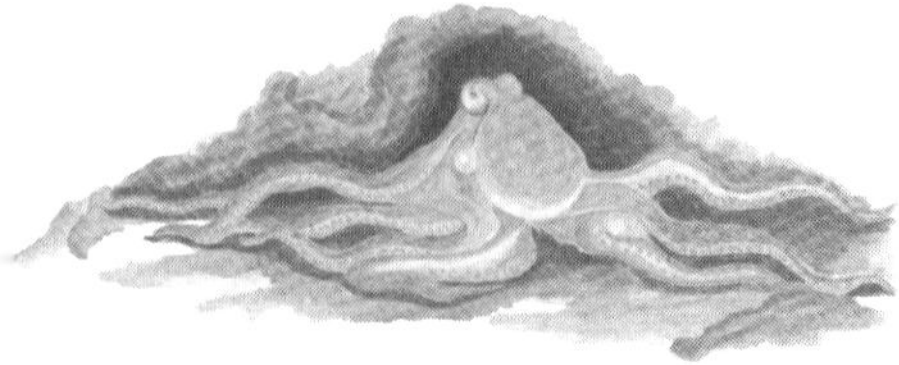

数か月も絶食して卵を守り続け孵化《ふか》を見届け
死んでゆくタコの母、空腹のわが子のために
わが身を差し出すハサミムシの母、
地面に仰向けになり空を見ることなく
死んでいくセミ……。
生き物たちの最後の輝きを描く感動のベストセラー。

登場する生き物

セミ、ハサミムシ、サケ、アカイエカ、カゲロウ、
カマキリ、アンテキヌス、チョウチンアンコウ、タコ、
マンボウ、クラゲ、ウミガメ、イエティクラブ、マリンスノー、
アリ、シロアリ、兵隊アブラムシ、ワタアブラムシ、
ハダカデバネズミ、ミツバチ、ヒキガエル、
ミノムシ（オオミノガ）、ジョロウグモ、シマウマとライオン、
ニワトリ、ネズミ、イヌ、ニホンオオカミ、ゾウ

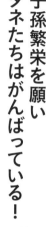

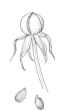

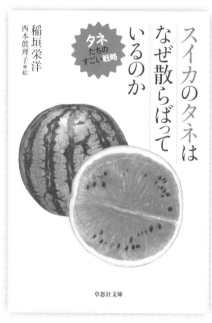